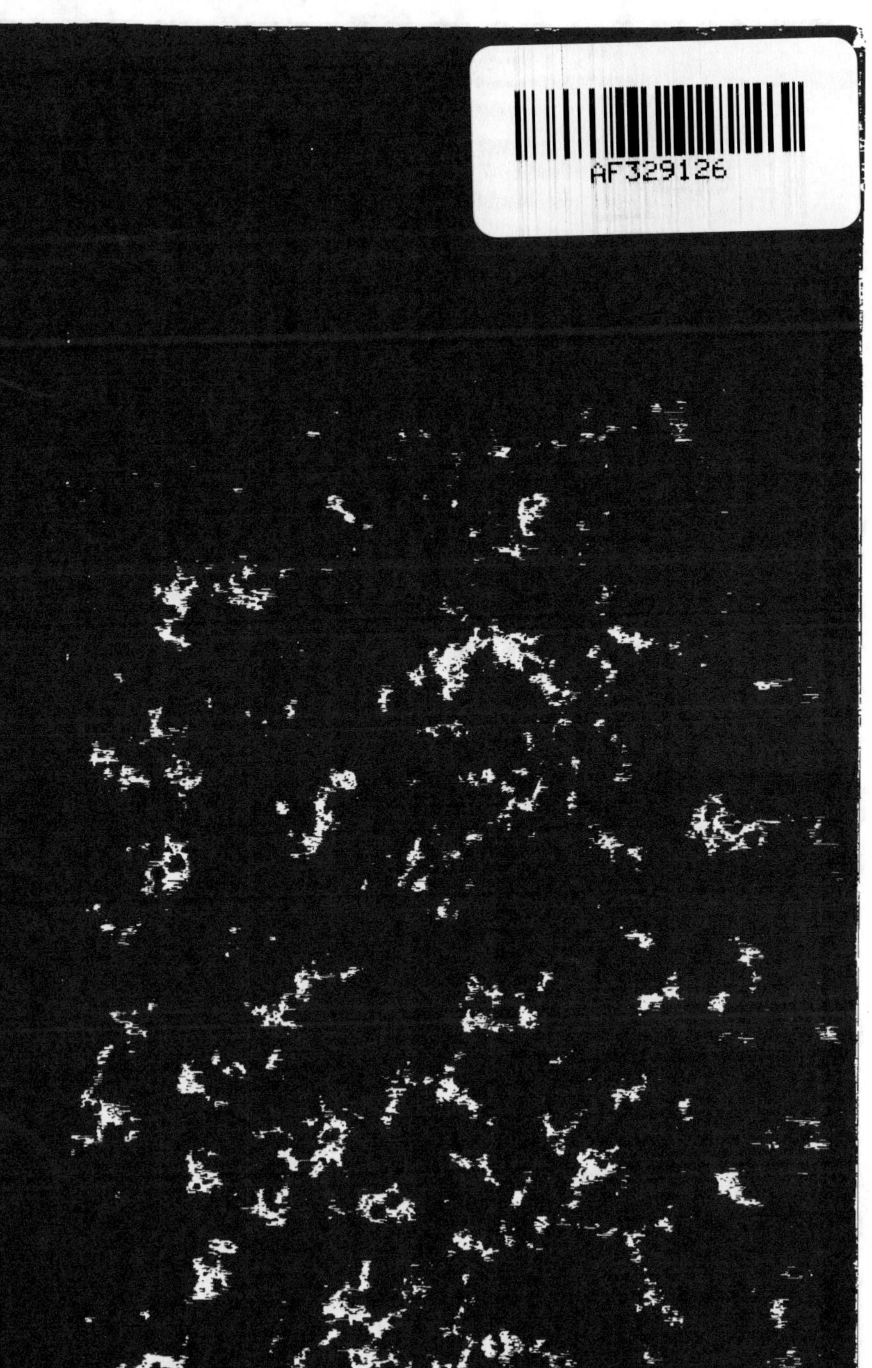
AF329126

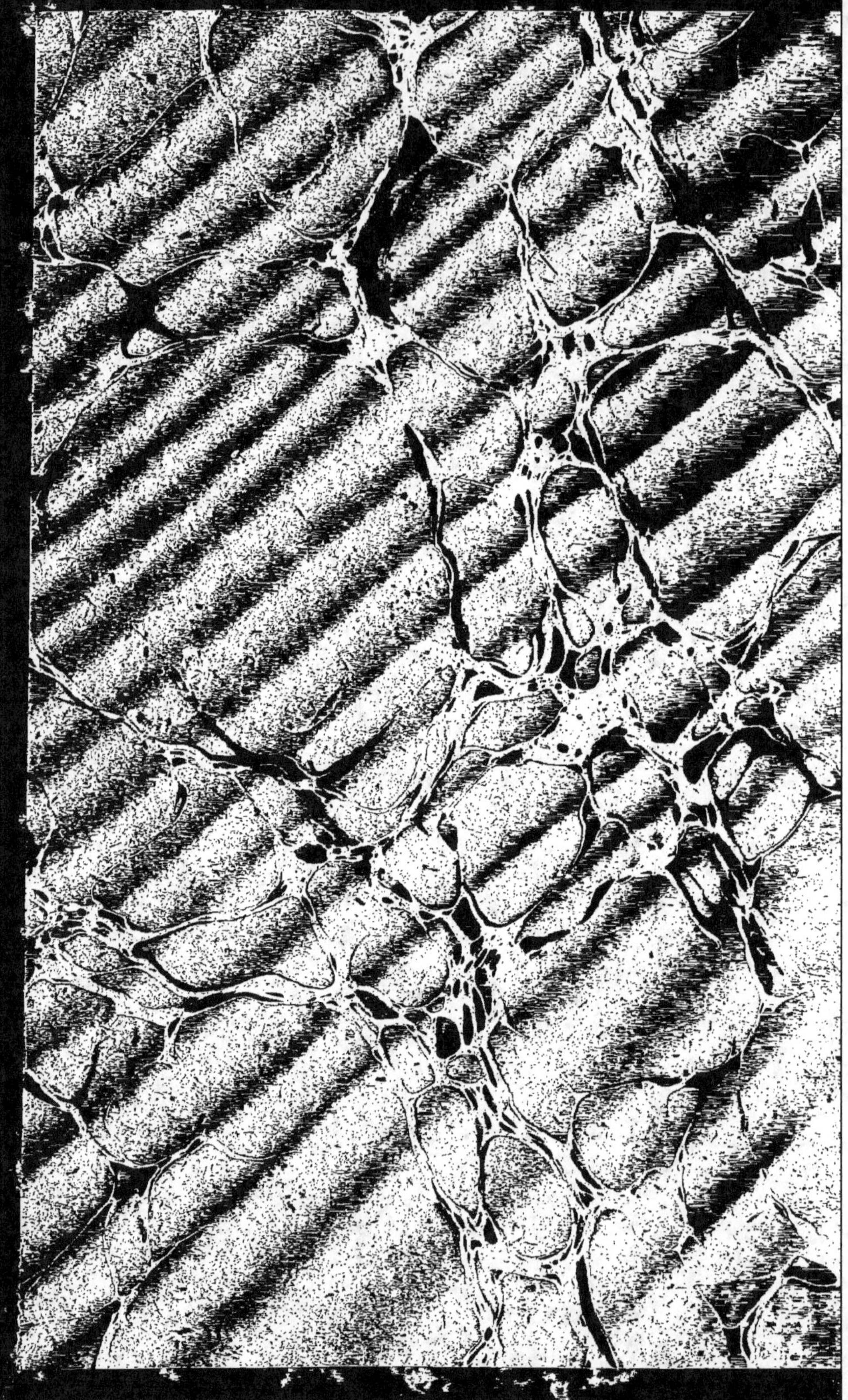

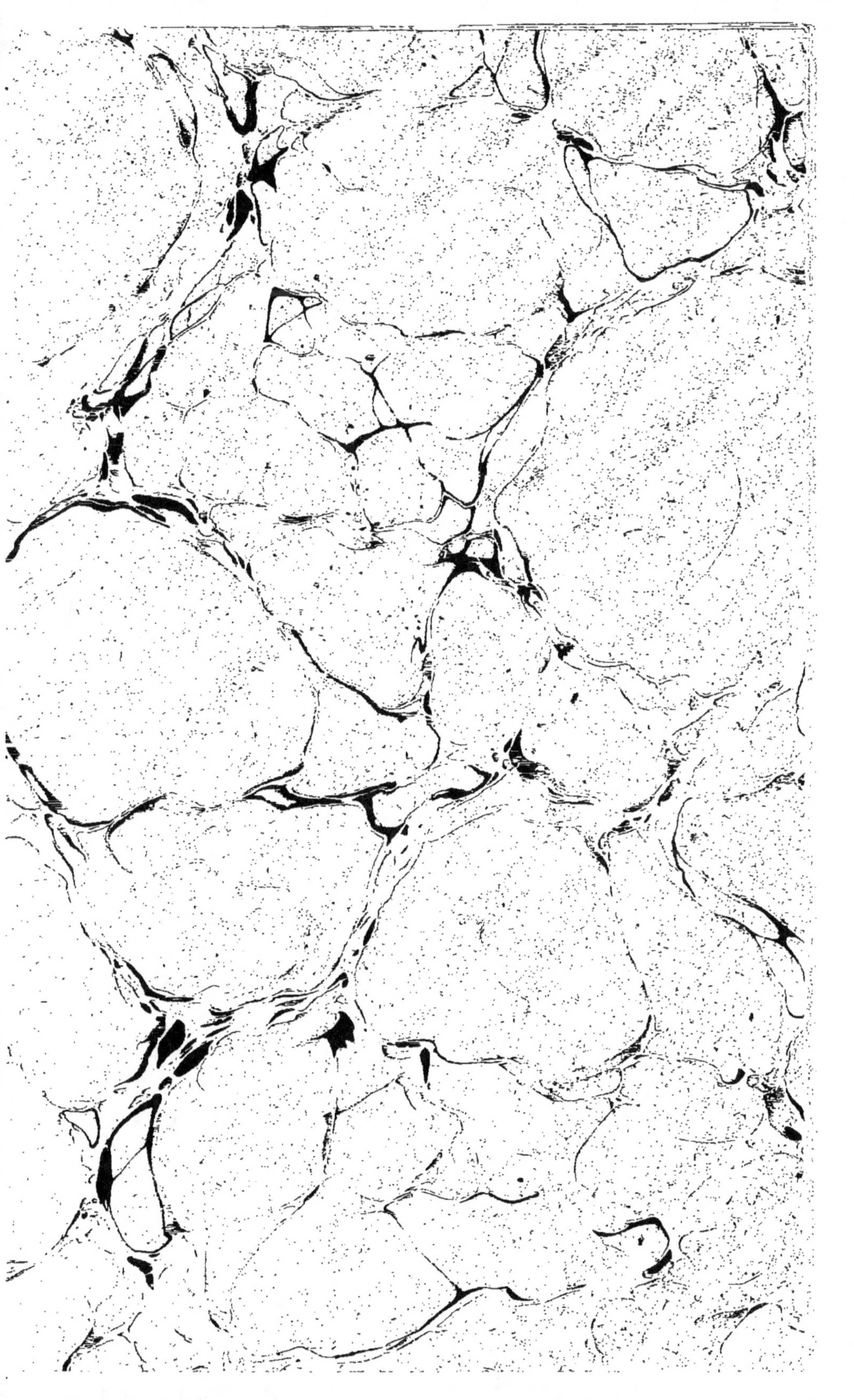

26582

ABRÉGÉ DU TRAITÉ

DES

VACHES LAITIÈRES.

AVIS.

—

Depuis plus de trois ans, il ne m'avait point été possible de me rendre au désir d'un grand nombre de sociétés agricoles, c'est-à-dire d'aller enseigner ma méthode : la confection de mon ouvrage en avait été l'unique motif. Aujourd'hui que cet ouvrage est terminé, j'ai l'honneur d'annoncer aux sociétés agricoles, aux propriétaires et aux cultivateurs, que je me ferai un devoir de me rendre à leur appel sur les points qu'il leur plaira de m'indiquer, et à des conditions assez modestes pour être acceptées de tout le monde.

F. GUENON.

Nota. Toute reproduction, même partielle, de cet ouvrage, sera poursuivie suivant la rigueur des lois.

Tout ouvrage non revêtu de la griffe de l'auteur sera réputé contrefait.

F. GUENON.

ABRÉGÉ DU TRAITÉ

DES

VACHES LAITIÈRES

PAR F. GUENON,

PRATICIEN,

MEMBRE DE DIVERSES SOCIÉTÉS D'AGRICULTURE
ET DÉCORÉ DE PLUSIEURS MÉDAILLES D'OR.

> Sans l'espèce bovine, les pauvres
> comme les riches éprouveraient de
> grandes difficultés à vivre.
>
> BUFFON.

PARIS.

IMPRIMERIE NATIONALE.

M DCCC LI.

PRÉFACE.

La méthode que je publie est facile et vraie, elle est incontestable et avérée : voilà pourquoi elle a été favorablement accueillie par tous les agriculteurs.

Elle apprend à apprécier la production lactifère chez l'espèce bovine à la simple inspection de signes qui sont naturels à tous les animaux de cette espèce.

On trouvera ces signes gravés d'après nature dans les dessins de ma classification.

Ma classification se compose de dix classes, parce que l'espèce bovine, en général, possède dix marques distinctes et variées dans leurs formes : or, ce sont ces dix marques que j'ai coordonnées en classes ou familles.

Chaque classe a six ordres, parce que le dessin représentant la classe va en diminuant dans son étendue depuis le premier ordre, qui est particulier à la meilleure vache, jusqu'au sixième, qui appartient à la moins bonne.

Le signe en vertu duquel on peut préciser la qualité bonne ou mauvaise de la vache, je l'ai appelé *écusson*.

C'est l'étendue superficielle de l'écusson qui dénote le produit journalier du lait :

Quand l'écusson est grand, la vache donne beaucoup de lait ;

Quand l'écusson est petit, la vache donne peu de lait.

Ainsi, en tenant compte de la largeur de l'écusson, on pourra connaître, quelle que soit la vache : 1° la quantité de lait qu'elle est apte à produire par jour; 2° la qualité de ce lait; 3° la durée du lait pendant la gestation.

L'écusson est tellement visible, et il est si facile de s'en servir pour asseoir un jugement sur la nature de l'animal, que, tous, hommes, femmes et enfants, pourront, à la simple inspection, connaître le produit réel d'une vache avec autant de certitude que si elle eût été élevée et soignée par eux pendant plusieurs années.

On comprend donc que ma méthode doit être d'une grande utilité à tous ceux qui se livrent à l'éducation du bétail.

Si, au début de la mise en pratique de ma méthode, quelques personnes rencontraient, par le fait de leur inexpérience, quelques difficultés à asseoir un jugement infaillible sur la nature de la bête soumise à leur appréciation, et qu'elles eussent l'idée d'accuser ma méthode d'être difficile, je les supplie de se rappeler les paroles suivantes d'un illustre écrivain à ses lecteurs : « *Messieurs, ne jugez pas en un jour le travail de trente-six années !* »

HISTORIQUE

DE LA

DÉCOUVERTE GUENON.

La méthode objet de ce livre, quoique inconnue encore à la masse des cultivateurs, date pourtant de près de quarante années. C'est en 1814 (j'avais alors quatorze ans) que je découvris que des signes naturels *chez les animaux révélaient par leurs formes,* chez les femelles de l'espèce bovine *surtout,* des dispositions plus ou moins grandes à la production lactifère.

Je remarquai d'abord entre le pis et la vulve de la seule vache de la maison, qui donnait du lait en abondance, une sorte de pellicule jaunâtre qui se détachait de cet endroit de la peau, en grattant légèrement avec la main. Cette première remarque me conduisit à en faire une autre non moins importante, parce que dans cet endroit le poil était disposé en contre-sens et recouvrait la partie du sac lactifère et même l'intérieur des cuisses de l'animal. Cette chose, curieuse pour moi, frappa mon imagination, et c'est alors que je commençai à chercher par comparaison si la grandeur de l'écusson et la finesse du poil devaient toujours concorder avec les qualités bonnes ou mauvaises de la bête sous le rapport de la production lactifère.

Ces deux observations me portèrent à expérimenter pendant plusieurs années, et sans rien dire à personne, sur le bétail que j'avais sous la main, et partout où mes travaux et mes affaires pouvaient alternativement m'appeler. Alors j'examinais avec soin, dans les diverses races, les vaches que je rencontrais sur mon passage, et j'arrivai avec une telle promptitude à émettre un jugement exact sur les qualités de la bête, que les propriétaires étonnés croyaient que je connaissais depuis longtemps leurs bestiaux. Aussi, ces succès m'enhardirent au point de me faire négliger mes autres travaux pour me livrer d'une façon exclusive au commerce du bétail, qui ne tarda pas à devenir ma seule et unique occupation.

L'arboriculture fut ma première étude : c'était la profession de mon père. Les quelques notions de dessin et de géométrie que j'avais instinctivement acquises me facilitèrent la reproduction sur le papier des signes que je découvrais comme étant bons ou mauvais indices pour la lactation. Que l'on ne croie pas que j'ai fait la découverte des signes lactifères dans un jour ni même dans une année ; non, il m'en a fallu plusieurs. Aussi, combien ai-je eu à travailler, moi qui n'ai eu d'autre maître que moi-même, d'autre livre que la nature !

combien il m'a fallu d'observation et de persévérance pour comparer entre eux tant de petits détails, pour en connaître la valeur probable et leur corrélation réelle avec l'organisme de la bête elle-même! combien de comparaisons de races à races, de lieux à lieux, de saison à saison, d'animaux à animaux! Quelle attention soutenue ne fallait-il pas avoir, et de combien de patience ne fallait-il pas être doué pour suivre la nature, si impénétrable, jusque dans ses plus minutieux détails, afin d'arriver à la prendre sur le fait? Combinaisons, calculs, rectifications, rien ne m'arrêtait pour arriver à mon but, qui était celui de pouvoir déterminer la valeur significative, et m'assurer si le signe caractéristique augmentait ou diminuait, ou s'il disparaissait à quelque époque de la vie de l'individu.

J'avais entrevu dans le classement des plantes et des arbres fruitiers une coordination sûre et positive. Je me disais : « Si dans le règne végétal on reconnaît aux tiquetés de la peau ou de l'écorce, à la nuance du feuillage, à la forme du bourgeon, une bonne ou une mauvaise plante, une bonne ou une mauvaise nature de fruits, ne serait-il pas possible de classer de cette façon le règne animal, et d'appliquer aux bestiaux les signes que j'ai découverts? » Alors je me mis sans relâche à la poursuite de cette idée, qui ne me quittait pas; car je voulais, coûte que coûte, arriver à la réalisation complète de cette découverte, bien que je ne pensais pas qu'elle dût absorber ma vie entière. Aussi ce n'est que bien des années après que je suis arrivé à la réalisation complète de mon œuvre.

En 1820, je rencontrai un propriétaire qui, étonné du succès de mes achats, qui consistaient toujours en vaches de première qualité, me proposa de faire pour son compte le commerce de bétail, à la condition que j'aurais une portion du bénéfice que je réaliserais dans les opérations que je ferais. J'acceptai, et en 1822, avec mes économies, qui consistaient en une part des bénéfices que m'avait procurés cette sorte d'association, je me mis à travailler pour mon compte. Or, plus je fréquentais les foires et les marchés, plus je me fortifiais dans la pratique de ma découverte, et plus je travaillais à coup sûr.

Chez un grand nombre de vaches, j'avais remarqué que les signes indicateurs différaient suivant leur nature bonne ou mauvaise. Je me mis alors en devoir de créer une classification, qui depuis est devenue la base de ma méthode.

Par suite de mes rapports avec les marchands de bestiaux et les éleveurs, je me fortifiai dans la théorie et la pratique, et j'avais acquis dans le rayon que j'explorais une véritable réputation : les uns disaient que j'étais sorcier, tellement mes appréciations étaient exactes ; les autres attribuaient mon savoir à la routine et à l'habitude de voir du bétail, et disaient que mon système mourrait avec moi. On était loin de croire que ma méthode reposait sur des principes que je pouvais enseigner, sur des données scientifiques qu'un professeur peut transmettre à celui qui est désireux d'apprendre. Mais j'étais sûr que tout le monde, hommes, femmes et enfants, pourrait, en connaissant les signes à l'aide desquels j'opérais, faire tout aussi bien que moi.

Je dois le dire cependant, ces signes que personne n'avait jusque-là remarqués, j'ignorais qu'ils fussent inconnus à la science. Aussi un jour, c'était en 1828, je pris la résolution d'en parler à l'académie des sciences de Bordeaux, et de prier cette réunion savante, dans le cas où ma communication serait nouvelle, de constater, par des expériences que je ferais devant elle, la réalité de ma découverte et le profit que l'agriculture pourrait en tirer. Ma communication fut accueillie avec bienveillance, et je fus appelé à expérimenter publiquement. Cette fois, je n'avais plus affaire à l'homme vulgaire ; j'étais en face de la science, du savant, que j'édifiai comme le cultivateur sur la valeur de ma méthode. Les explications en grand nombre que j'eus à fournir furent si concluantes, que l'académie des sciences accompagna son rapport d'une mention honorable et d'une recommandation au préfet du département de la Gironde, de protéger de tout son pouvoir la vulgarisation de ma découverte. Comme ma méthode demeurait un secret pour tout le monde, l'académie ne put me récompenser autrement.

Les choses en restèrent là, et je conservai mon secret jusqu'en 1835, époque à laquelle je fis, à la sollicitation d'un grand nombre de propriétaires cultivateurs, imprimer ma méthode.

C'est de ce moment surtout que datent mes tribulations. Je ne savais pas assez écrire pour rédiger moi-même mon livre; j'eus donc recours à un rédacteur, qui interpréta si mal ma pensée, qu'il la rendit inintelligible, même pour moi. Mon livre m'avait coûté des frais considérables et du temps, et il me fut impossible d'en livrer un seul exemplaire au commerce : j'étais ruiné.

J'étais dans une véritable détresse, lorsqu'en 1837 la société d'agriculture de Bordeaux m'appela devant elle pour y faire des expériences. C'est à cette époque que je révélai aux membres de la commission mon secret. Alors chaque membre put suivre avec une parfaite connaissance toutes mes appréciations et juger, par mes déclarations, de la valeur de ma méthode. Ils la trouvèrent si importante et si simple, qu'ils m'accordèrent immédiatement une médaille d'or et le titre de membre de la société. On insista de nouveau auprès de moi pour avoir mon livre, et les membres de la société, dans l'intérêt de l'agriculture, ouvrirent une souscription, dont le produit permit de faire face aux frais que nécessitait une nouvelle impression, et ma méthode fut dès lors acquise à la publicité et mon secret livré à tout le monde.

Ma découverte, rendue publique, fut attaquée par quelques-uns, défendue par beaucoup : le grand nombre était pour moi. En 1838, la société d'agriculture d'Aurillac m'appela près d'elle pour expérimenter. La foule qui m'attendait était grande, mon arrivée redoubla la curiosité des assistants; mais j'édifiai tout le monde, et je reçus publiquement, à titre de récompense, une médaille d'or à l'effigie d'Olivier de Serres, et le titre de membre de la société. La même année, le comice agricole de Libourne me comptait au nombre des siens et me décernait une médaille d'or.

En présence de faits irrécusables, on n'attaqua plus le principe de ma méthode ; mais quelques savants contradicteurs attaquèrent ma classification comme étant mal rédigée et donnant de ma découverte une description confuse. Malgré tout, les sociétés et les comices agricoles continuèrent à m'appeler dans leur sein pour pratiquer publiquement ; c'est ainsi qu'en 1839 je parus devant la société nationale et centrale d'agriculture de la Seine.

J'expérimentai à Paris devant une commission prise parmi les membres de cette société, qui fut si satisfaite de mon système, qu'elle fit voter en ma faveur une prime de 1,500 francs, à titre d'indemnité, pour frais de voyage. A la même époque, le comice agricole de Rosay (Seine-et-Marne), après plusieurs expériences, me vota une médaille d'or, avec la qualité de membre de la société. La même année, je recevais mon titre de membre du comice agricole de Bazas (Gironde).

Sur la demande des sociétés savantes, je continuai mes démonstrations pratiques, et la société d'agriculture de Melun (Seine-et-Marne), devant laquelle j'opérais en 1842, m'accordait une médaille d'or, avec le titre de membre. Ce fut aussi la même année que je fus nommé membre des sociétés d'agriculture de Nantes et de Vannes (Morbihan), à la suite d'expériences faites devant elles.

L'année suivante, en 1843, je fus nommé membre des sociétés d'agriculture de Rennes, de Bourbon-Vendée, de la Rochelle, de Rochefort et de Saint-Jean-d'Angely, toujours à la suite d'expériences.

Une année après, en 1844, je reçus mon diplôme de membre des sociétés d'agriculture de Fontenay-le-Comte (Deux-Sèvres), de Nérac (Lot-et-Garonne), et de Toulouse.

Toutes ces expériences, ayant toujours réussi au delà de toute idée, donnèrent aux uns la confiance, aux plus incrédules le doute, et firent taire les mauvaises dispositions chez quelques-uns : aussi, ceux qui n'avaient pas vu voulurent voir; ceux qui avaient vu étaient édifiés. En 1845, la société d'agriculture de Rouen, à la suite d'expériences renouvelées, me décerna une médaille d'or, me paya mes frais de voyage et me vota une indemnité de 800 francs. A la même époque, le congrès des cinq départements de la Normandie, réuni à Neufchâtel, après mes expériences, qui furent faites devant plus de *quatre mille* personnes, m'inscrivit au nombre de ses membres, après m'avoir décerné une médaille d'argent du plus grand module.

L'année suivante, le comice agricole de Villefranche demandait au Gouvernement que ma méthode fût étudiée et mise en pratique dans toute la France; de plus, il m'envoyait un diplôme de membre de sa société.

J'expérimentai en 1847 devant le congrès central d'agriculture, réuni à Paris; la satisfaction que je donnai à tous ces agronomes éminents leur fit émettre d'un commun accord les vœux suivants, 1° que le Gouvernement m'accorde une récompense publique; 2° qu'il fasse imprimer mon ouvrage aux frais de l'État; et 3° qu'il m'envoie répandre ma méthode par des leçons orales et pratiques sur tous les points de la France où l'élève du bétail a une certaine importance.

C'est à la suite de ce vœu important, puisqu'il était exprimé par les notabilités agricoles de la France, que le ministre de l'agriculture décida que j'irais expérimenter dans les vacheries de l'État et autres appartenant à des agriculteurs qui se livrent avec habileté à l'élève du bétail, et sous les yeux de commissions officielles. A l'issue de mes nombreuses opérations devant les diverses commissions du Gouvernement, le ministre me fit allouer à titre d'indemnité une somme de 4,000 francs. En 1848, le ministre de l'agriculture décide que mon ouvrage sera rédigé de nouveau et imprimé aux frais de l'État; l'Assemblée constituante, de son côté, sur la proposition du comité d'agriculture qui existe dans son sein, propose qu'il me soit accordé, à titre de récompense nationale, une pension annuelle de 3,000 francs; mais, une année plus tard, la Constituante est remplacée par la Législative, et le vote de ma pension d'honneur est ajourné.

Le conseil général de l'agriculture, des manufactures et du commerce, réuni à Paris en 1850, émet le vœu que ma méthode soit publiée et répandue dans toute la France aux frais du Gouvernement et que je sois envoyé dans les départements pour la propager.

L'Assemblée législative reprend la proposition de pension restée pendante devant la Constituante; sur la proposition du ministre de l'agriculture, et sur le rapport de M. Amable Dubois, représentant du peuple, le vote de la pension est ajourné; néanmoins, sur l'interpellation de M. Howyn-Tranchère et de plusieurs représentants, M. Dumas, ministre de l'agriculture, prend à la tribune nationale l'engagement de m'envoyer dans les départements avec le traitement d'inspecteur général de l'agriculture pour vulgariser ma méthode aussitôt que mon livre sera publié (*Moniteur* du 26, séance du 25 novembre 1850.)

En 1851 la société d'agriculture de Meaux m'appela près d'elle pour expérimenter publiquement sur un grand nombre de vaches. Mes déclarations sur les qualités des vaches qui ont été soumises à mon examen ont été si exactes que la société me récompensa d'une médaille d'or et du titre de membre.

Les honneurs qui m'ont été accordés attestent suffisamment que je suis toujours sorti des épreuves auxquelles j'ai été soumis à la grande satisfaction de tous, avec l'approbation générale, et que la découverte faite il y a trente-six ans, et que j'expérimente depuis douze années consécutives, est vraie, incontestable, facile, et que son application, qui peut devenir générale, est d'utilité première.

Je suis heureux de le constater et de le dire publiquement, depuis douze années ma méthode porte *déjà* ses fruits; car nombre de cultivateurs devant lesquels j'ai expérimenté s'en servent, au grand avantage de leur ferme, et jusqu'à présent pour eux seuls , il est vrai. Mais aujourd'hui que la vulgarisation de mon système est devenue facile par les livres et les tableaux que je publie sous les auspices du Gouvernement, et les élèves que je serai appelé à former dans les écoles d'agriculture et ailleurs, j'ai la satisfaction de croire que ma méthode, fruit de l'observation et du travail de ma vie profitera bientôt à notre agriculture, à la France entière, et apportera au fermier accablé de charges un soulagement réel, aux pauvres plus d'aisance, aux enfants et aux vieillards dont la vie de chaque jour découle de la mamelle de la vache, une alimentation saine et un bien-être jusqu'ici ignoré.

DE L'ESPÈCE BOVINE

EN GÉNÉRAL.

CHAPITRE PREMIER.

RACE BOVINE.

L'importante question du bétail préoccupe à juste titre tous les esprits sérieux; jamais, à aucune époque, on ne s'en était tant occupé. Mais aussi, il faut le dire, si la science et la pratique poussent d'un commun accord à l'amélioration des races, c'est que tout le monde est arrivé enfin à comprendre que l'espèce bovine est une des plus précieuses ressources de l'agriculture.

Dans certaines contrées, la vache partage avec l'homme les pénibles travaux des champs; elle alimente partout de son lait bienfaisant le ménage du pauvre comme celui du riche; c'est elle qui, parmi les animaux soumis à la domesticité, est aujourd'hui le plus indispensable à l'homme. Les ressources qu'elle ne cesse de lui offrir sont nombreuses: après le lait et le beurre, c'est le fumier; après la viande et le suif, c'est le cuir; ce sont encore les os et la corne. En un mot, après le pain, c'est chez elle que l'on trouve les principes les plus essentiels à l'entretien de la vie humaine.

De nombreux écrits existent sur ce sujet, des théories sans nombre sont chaque jour publiées, mais rien encore, je puis le dire, n'avait appris au cultivateur à faire un choix habile, ni à opérer un accouplement judicieux. Nulle part, rien d'arrêté, de précis, de positif; partout l'incertitude, le doute, et le plus souvent l'erreur. Pas un savant n'avait encore soupçonné que la vache eût des signes qui révélassent par leur présence une bonne ou mauvaise laitière; personne n'avait pensé qu'il devait exister une corrélation positive entre les signes extérieurs plus ou moins apparents et l'aptitude à la production lactifère chez la vache. Eh bien! c'est ce que j'ai trouvé, et j'enseignerai à discerner une bonne vache d'une mauvaise, à apprécier le revenu moyen de bêtes de nature différente et nourries de la même façon. Apprendre à connaître dès le plus jeune âge les qualités et les défauts futurs de l'élève en ce qui a rapport à la production du lait, là est toute la découverte qui a usé ma vie.

Mais, dira-t-on, à quoi peut-on reconnaître les qualités et les défauts de l'espèce bovine? C'est à quoi ma méthode va répondre.

CHAPITRE II.

DES SIGNES CARACTÉRISTIQUES.

Les signes caractéristiques ont pour objet de faire connaître, à la simple inspection de l'animal, la valeur du rendement en lait, sa qualité, sa quantité et sa durée pendant la gestation : voilà pour la vache. Pour le taureau, ils indiquent la transmission des qualités plus ou moins lactifères : si le taureau possède les signes qui sont l'indice d'une bonne lactation, les produits femelles qui naîtront de lui seront bonnes laitières ; le contraire aura lieu si les signes indicateurs n'existent que peu.

Les signes de la production lactifère sont aussi apparents sur les plus jeunes élèves que sur les adultes, attendu que les qualités et les défauts sont inhérents à leur constitution, et que l'animal vient au monde avec les marques à l'aide desquelles j'apprends à connaître sa bonne ou sa mauvaise nature.

Les signes ou marques qui me servent de guide, je les appelle *écussons ;* le poil qui les recouvre est soyeux et cotonneux. A partir de la naissance de l'individu, l'écusson se développe et s'élargit dans les mêmes proportions que le reste du corps; il est naturel à tous les animaux; une longue expérience m'a prouvé que, chez le fœtus de sept mois et demi à huit mois, il se distingue aussi facilement et même mieux que sur le veau venu à terme.

Je puis donc dire que, par la mise en pratique de ma découverte, on arrivera sans peine à discerner le bon bétail du mauvais, à créer des races essentiellement laitières, et, par suite, à faire cesser dans les villes les mélanges frauduleux, qui seront remplacés par un lait pur, que les populations pourront se procurer en abondance : d'où il résultera que l'enfant ne boira plus un lait délétère dont l'action malfaisante tue son jeune corps au lieu de le fortifier.

CHAPITRE III.

DU PIS, DES VEINES MAMMAIRES ET DES VEINES ÉPIDERMIQUES.

Le corps du sac et des glandes mammaires de la vache forme un ensemble qu'on appelle le *pis;* les glandes mammaires qu'il contient doivent être molles; la peau qui le recouvre doit être mince, flexible et revêtue d'un poil fin, doux et soyeux.

Le pis a quatre trayons; chaque trayon correspond au réservoir qui lui est particulier. Les réservoirs sont séparés les uns des autres par des membranes minces et imperméables.

La traite entière d'une vache ne peut s'effectuer ni par un trayon ni par deux; il faut que la traite s'étende aux quatre trayons.

Un pis bien organisé doit donner une égale quantité de lait par chacun des trayons.

Les pis parfaits doivent être de forme ronde et régulière, et porter également sous le ventre comme en arrière des cuisses de l'animal.

Les trayons qui, sur le même pis, sont plus courts que les autres, indiquent qu'il y a chez eux une altération native ou accidentelle.

La grandeur du réservoir sécréteur du lait est toujours en rapport avec la surface de l'écusson.

Les épis indiquent que la vache maintient ou perd son lait pendant la gestation.

Les *veines mammaires* prennent naissance dans les glandes de la sécrétion lactifère, et sont situées au-dessous et de chaque côté du ventre de la bête; elles dépassent, suivant leur ordre, plus ou moins le niveau du nombril, serpentent en ondulations plus ou moins prononcées, et vont se terminer vers les jambes de devant; leurs extrémités se perdent dans deux petites cavités vulgairement appelées *fontaines,* dont l'ouverture est assez grande pour qu'on puisse y introduire le bout des doigts. Dans les premiers ordres de certaines races, ces veines se terminent par un embranchement; leur extrémité présente une fourche dont l'une des pointes est moins longue et plus grosse que l'autre.

Dans certains ordres, l'écartement des veines à leur terminaison est d'environ dix centimètres; la cavité du vaisseau le plus long est moins large et moins profonde que celle du maître vaisseau, qui est court.

Dans les ordres inférieurs, ces veines ou vaisseaux courent droit, sans ondulations fortes ou inégales, de chaque côté du ventre; ils ne sont pas bifurqués, et le trou où ils se perdent est moins grand et moins profond que dans les ordres supérieurs.

Les veines sont plus distinctes chez certaines vaches que chez d'autres, même de qualités lactifères égales. C'est donc bien à tort que quelques auteurs affirment que la disposition de ces veines, au point de vue de la production du lait, est une des conditions les plus essentielles et dont on doive le plus tenir compte dans l'appréciation de la qualité laitière de la bête.

En général, les veines mammaires ne sont réellement développées que chez les vaches de cinq ou six ans ; elles ne se distinguent que très-légèrement sur les génisses qui ne sont point en état de gestation.

Les *veines épidermiques* sont très-apparentes : l'œil les découvre facilement sous l'épiderme du pis de la vache ; mais elles sont surtout fort apparentes sur les pis très-charnus ; elles se ramifient en tous sens jusqu'au delà des extrémités supérieures du pis lorsque la vache est dans toute la force de son lait.

Quand on les remarque jusqu'aux approches de la vulve, c'est que la vache est très-maigre ; rarement elles sont apparentes dans cette partie quand la bête est en bon état.

Les veines épidermiques ne se remarquent pas sur les génisses ni sur les vaches sèches de lait : elles ne sont donc pas un indice auquel on doive toujours s'arrêter.

CHAPITRE IV.

DES ÉCUSSONS.

Les signes qui font l'objet de ma découverte, je les nomme *écussons* et *épis* : ils sont fortement empreints, par la nature, sur tous les animaux de l'espèce bovine sans exception, et sont situés à la partie postérieure de l'individu; mais on ne les distingue très-bien qu'autant que l'on fait avancer la bête de quelques pas; alors elle démasque les parties cachées que l'on a besoin de voir.

Si l'écusson est grand, fin et bien caractérisé, c'est un indice certain que la bête est bonne laitière; si au contraire l'écusson, quelle que soit sa grandeur, est envahi par des épis, on peut être assuré qu'elle est mauvaise laitière.

L'écusson enveloppe le pis et se distingue par un poil montant qui se dirige dans un sens diamétralement opposé à celui qui recouvre les autres parties de la bête. Le poil de l'écusson diffère de celui de la robe, en ce sens qu'il est d'une nuance plus mate; il prend son point de départ au milieu des quatre trayons, d'où une partie de son poil s'étend sous le ventre, dans la direction du nombril, tandis que l'autre partie se dirige, en montant, en dedans et un peu au-dessus des jarrets, et déborde jusqu'au milieu de la surface postérieure des cuisses, monte sur le pis et se prolonge. dans certaines classes, jusqu'au niveau de l'extrémité supérieure de la vulve.

La surface et l'étendue qu'embrasse l'écusson dénotent la capacité lactifère; la forme du dessin qu'il trace indique la classe ou l'ordre auquel il appartient. La finesse de son poil et la couleur de son épiderme sont un indice que le lait sera bon; au contraire, si le poil est gros, clairsemé et hérissé, il annonce une laitière médiocre ou mauvaise.

Lorsque l'épiderme de la peau dans l'emplacement de l'écusson est d'une teinte jaunâtre et qu'on en détache avec l'ongle des pellicules grasses et onctueuses comme du menu son, et que ces mêmes caractères se retrouvent au panache de la queue et à l'intérieur des oreilles, on peut être assuré que la vache possesseur de ces signes donnera un lait gras et butyreux; comme aussi la vache qui aura la peau de l'écusson blanche, sèche et recouverte d'un poil long et clair-semé donnera un lait maigre et séreux.

Mais je dois ajouter que la valeur des écussons se trouve atténuée ou favorisée par la présence d'épis, c'est-à-dire de petites mèches de poils, comme je vais l'expliquer.

Excepté les épis que j'appelle ovales, tous ceux qui empiètent sur l'écusson en diminuent plus ou moins la valeur.

Lorsque le dessin de l'écusson est bien formé et que le poil est fin, l'individu appartient au premier ou au second ordre de sa classe; mais quand l'écusson est envahi sur une portion de sa surface par certains épis, la bête est moins bonne laitière et descend dans la classification d'un ou de plusieurs ordres.

Quand l'écusson est plus large aux environs de la vulve que dans le milieu de sa longueur, on compense la portion la plus large par la plus étroite, et, ne tenant compte que de l'étendue moyenne ainsi obtenue, on le classe dans l'ordre le plus en rapport avec sa forme et son étendue.

Toutes variations de poil dans l'écusson a lieu par des épis et constitue une irrégularité qui indique un défaut à l'intérieur, lequel influe sur la sécrétion du lait.

En général, quand on verra dans l'écusson un épi situé à droite ou à gauche des cuisses, on peut être assuré qu'il existe une altération dans les vaisseaux situés au-dessous et de chaque côté du ventre; et en touchant ces vaisseaux avec la main, du côté où l'épi empiète sur l'écusson, on trouvera le vaisseau lactifère moins gros et le trou qui le termine

moins large et moins profond que celui du vaisseau du côté opposé : c'est ce qui est facile à constater en y enfonçant le bout du doigt.

Quand la vache arrive à la fin de sa gestation,
et quelques jours seulement avant de mettre bas,
les écussons et les épis s'élargissent dans toutes leurs
parties comme une fleur près de s'ouvrir; les vaisseaux lactifères se dilatent alors et se disposent à
donner, durant les premiers jours de la gésine, le
maximum de lait; mais peu de jours après, les
écussons et les épis se resserrent et reviennent aux
dimensions normales qu'ils doivent conserver jusqu'à un nouveau vêlage.

On aura soin de remarquer que les écussons et
les épis hérissés ont, à l'époque où la vache se pré-
pare à faire son veau, des dimensions extraordi-
naires qui surpassent d'environ un tiers les dimensions ordinaires ou normales. Il faudra donc se
garder de partir des dimensions de l'écusson à cette
époque pour juger du produit lactifère, car on
serait par là même induit en erreur. Cette exagé-
ration des dimensions de l'écusson est la suite de
l'inflammation des vaisseaux lactifères ou du gon-
flement des glandes mammaires; elle est plus
prononcée chez telle vache que chez telle autre,
et toujours moins sensible chez les moins bonnes
laitières.

Les écussons et les épis sont plus apparents et plus développés sur les vaches et génisses grasses que sur les vaches et génisses maigres; les signes caractéristiques de celles-ci sont moins apparents et plus resserrés : ils sont néanmoins toujours visibles et faciles à distinguer : dès la naissance, et quels que soient l'âge et l'état d'embonpoint ou de maigreur de l'individu. Dans tous les cas, l'étendue de l'écusson dénote toujours la proportion de lait que la vache doit donner chaque jour.

Si les signes qui caractérisent un ordre supérieur contiennent des épis d'un ordre inférieur, on peut alors être sûr qu'il y aura une diminution dans le rendement de lait, diminution qui sera plus ou moins considérable, selon que l'épi sera grand ou petit. Cette remarque s'applique aussi aux solutions de continuité du poil en sens contraire, qui empiète sur l'écusson; on devra toujours en tenir compte, puisque leur présence dans l'écusson amoindrit considérablement le rendement du lait, influe sur sa durée et même sur sa qualité.

Les écussons sont au nombre de dix, parfaitement distincts par leur forme; ils représentent dix classes ou familles que l'on trouvera expliquées — plus loin — par des dessins gravés d'après nature, au chapitre de la classification, sous les dénominations suivantes : 1re classe, *flandrines* ; 2e, *flandrines à gauche; 3ᵉ, lisières; 4ᵉ, courbes-lignes; 5ᵉ, bicornes; 6ᵉ, doubles-lisières; 7ᵉ, poitevines; 8ᵉ, équerrines; 9ᵉ, limousines; 10ᵉ, carrésines.*

Nota. En général, la plus grande quantité de lait donnée par les vaches se remarque pendant les huit premiers jours qui suivent le vêlage; leur lait dans cette période est de mauvaise qualité. Après ces huit jours le produit diminue un peu, et le cours une fois établi régulièrement, les vaches maintiennent leur force de lait jusqu'à ce qu'elles soient pleines de nouveau; le rendement diminue alors dans toutes les classes et les ordres, mais plus ou moins selon la classe et l'ordre auxquels elles appartiennent : c'est ce que l'on trouvera expliqué dans les tableaux de la classification, où l'on peut lire, au-dessous de chaque figure, son rendement par jour, et la durée, avec les modifications, de ce rendement avant et après la gestation.

CHAPITRE V.

DES ÉPIS.

Les épis sont de deux espèces, les uns de poils *montants*, les autres de poils *descendants* : ceux de poils montants ne sont autres que des traces en forme de sillons qui tranchent sur le poil descendant; ils dessinent des figures plus ou moins allongées, et se développent à droite ou à gauche de la vulve; ceux des poils descendants sont en dessous de la vulve et en dedans des cuisses et forment des dessins variés dans le poil montant de l'écusson; ils affectent plusieurs formes, et notamment la forme ovale; ils se trouvent le plus ordinairement situés à la partie inférieure du pis, un peu au-dessus des trayons postérieurs.

La signification des épis et leur valeur varient avec leur étendue, la position qu'ils occupent et la direction de leurs poils *montants* ou *descendants;* ils sont au nombre de sept : cinq figurent sur l'écusson; les deux autres sont en dehors. Je leur ai donné des noms dérivés de leur forme ou des emplacements qu'ils occupent; ce sont les suivants :

1er, épi *ovale;*

2e, épi *fessard;*

3e, épi *babin;*

4e, épi *vulvé;*

5e, épi *bâtard;*

6e, épi *cuissard;*

7e, épi *jonctif.*

1° L'épi ovale est descendant; il figure dans l'écusson et est situé de chaque côté de la partie postérieure du pis, un peu au-dessus et vis-à-vis des deux trayons de derrière; son poil est fin et se distingue par sa teinte et ses reflets plus blancs que ceux du poil de l'écusson, qui est montant. Il se rencontre ordinairement sur les vaches de premier ordre, avec des dimensions plus ou moins grandes. Il est des vaches chez lesquelles on ne le remarque pas, ce qui n'empêche nullement celles-ci d'appartenir aux premiers ordres. Si l'épi est régulier, peu étendu, revêtu d'un poil fin, il est l'indice d'une qualité supérieure; au contraire, s'il est large et recouvert d'un poil long et gros, il indique une qualité inférieure.

2° L'épi fessard est en dehors de l'écusson et situé sur les fesses de l'animal, à droite et à gauche de la vulve, à laquelle il adhère un peu par le haut; son poil est *montant,* et ses proportions sont généralement de cinq à six centimètres de hauteur sur un centimètre de largeur. Quand il n'a pas ces proportions, c'est-à-dire qu'il est petit, il indique la propriété qu'a l'animal de conserver son lait pendant la gestation.

Au contraire, il est un mauvais indice quand il dépasse ces proportions, c'est-à-dire quand il est grand et recouvert d'un poil gros et hérissé ; alors il annonce que le lait disparaît promptement quand la bête est en état de gestation.

3° L'épi babin apparaît dans l'écusson de la première classe ; il est placé verticalement en dessous de la vulve ; à droite et à gauche il forme une raie tombante, et le plus ordinairement à gauche de la vulve, à laquelle il adhère par le haut ; on le rencontre souvent des deux côtés à la fois ; il est formé de poils *descendants*, qui tranchent par plus de lustre et un éclat plus blanc sur le poil montant de l'écusson ; sa forme est allongée ; ses proportions sont variables : sa grandeur ordinaire est de quatre à cinq centimètres de longueur sur cinq à six millimètres de largeur. La présence de cet épi est un indice que la vache donne moins de lait que l'écusson ne le ferait croire ; elle le maintient pourtant assez bien pendant la gestation ; mais quand cet épi est grand, elle le perd promptement.

4° L'épi vulvé ne se rencontre que dans la première classe; il est dans l'écusson et est situé sous la vulve, qu'il enveloppe dans sa partie inférieure; sa forme est presque ronde, et simule quelquefois une fourche; par le bas il a deux centimètres de long sur trois de large; son poil est *descendant :* quand il a une plus grande étendue, il annonce que la vache donnera moins de lait.

5° L'épi bâtard présente la forme d'un œuf; il est situé dans l'écusson à environ vingt centimètres sous la vulve; son poil est *descendant,* et se fait remarquer par un lustre plus blanc que celui de l'écusson, dont la teinte est en général rosée. Sa surface est d'environ dix centimètres de hauteur sur six à huit de largeur; il annonce qu'une réduction sensible dans le rendement du lait a lieu dès les premiers jours de la gestation; on ne le rencontre que dans la première classe (flandrine).

6° L'épi cuissard se trouve sur le plat intérieur des cuisses de l'animal; il empiète sur l'écusson; son poil est descendant et forme un angle rentrant qui se prolonge par une pointe aiguë ou arrondie sur le pis de la bête. On le remarque à droite et à gauche : sa forme n'est pas toujours régulière; plus souvent on le trouve sur la cuisse droite. On le rencontre dans toutes les classes et dans tous les ordres.

7° L'épi jonctif se distingue par un *poil montant*

doux et soyeux; il représente une flèche dont la pointe est en bas; il prend son point de départ à environ dix centimètres au-dessus de l'écusson, et va rejoindre la vulve. Sa plus grande largeur à l'orifice de la vulve est d'environ deux centimètres; sa longueur est de huit à dix centimètres.

Cet épi annonce la quantité et la durée du lait; il ne se rencontre que rarement, et seulement dans les classes où l'écusson ne monte pas jusqu'à la vulve.

CHAPITRE VI.

CLASSIFICATION.

J'ai dit qu'il y avait dix classes ou familles, bien distinctes par la forme que l'écusson de chacune d'elles dessine.

Chaque classe a six ordres qui sont également distincts, ainsi qu'on peut le voir par les figures de la classification. Dans chaque classe, l'écusson se rapetisse par degrés, depuis le 1er ordre, qui est grand et bien fait, jusqu'au 6e, qui est petit et difforme. Les vaches des premiers ordres de chaque classe donneront à peu près la même quantité de lait; cette quantité sera toujours en rapport avec la surface de l'écusson et la taille de la bête, qui se décompose en haute, moyenne et petite.

Je dois prévenir qu'il ne faudra pas toujours tenir un compte rigoureux du chiffre des moyennes indiquées aux tableaux de la classification, parce que la nature des races, le climat, la nourriture, la saison et les soins exercent une influence sur la production du lait, influence qui peut faire varier le rendement, suivant les localités, de *cinq* à *dix* litres en plus, comme aussi de *cinq* à *dix* litres en moins; la quantité que je fixe n'est donc qu'une moyenne. Je dois aussi faire observer que, dans tous les cas et à nourriture égale, les vaches de premier ordre seront toujours, et partout, celles qui produiront le plus de lait.

Le rendement en lait va naturellement en décroissant depuis les premiers ordres jusqu'aux derniers.

Si par exemple on veut ne pas tenir un compte rigoureux du rendement de chaque ordre en particulier, on prendra alors le 1er ordre pour le meilleur, le 3e pour le médiocre, et le 6e pour le mauvais.

Mais quand on voudra arriver à une appréciation rigoureuse, on devra suivre hiérarchiquement les ordres de chaque classe, et tenir ponctuellement compte de mes observations écrites sous les figures de la classification, ou autrement on perdrait le fil qui doit conduire à une appréciation mathématique de la quantité de litres de lait que donnera par jour une vache quelconque, avant et pendant la gestation.

CHAPITRE VII.

DESCRIPTION DES CLASSES.

1re classe, *flandrines*. Je l'appelle ainsi, parce que les vaches de Flandre sont généralement remarquables par leurs bonnes qualités; mais les vaches qui portent ce dessin se rencontrent dans toutes les races et dans tous les pays.

2e classe, *flandrines à gauche*. Je l'appelle ainsi, parce qu'elle présente sur son côté gauche le caractère de la flandrine 1re classe. Elle peut être tout aussi bonne qu'elle sous tous les rapports.

3e classe, *lisières*. Cette classe est bien différente de celles qui précèdent. Je lui ai donné le nom de *lisières* parce que la partie montante de son écusson est dessinée par un poil montant, en forme de lisière, jusqu'à la vulve.

4e classe, *courbes-lignes*, dénommées ainsi parce que le dessin de leur écusson, qui imite un losange, est formé par une ligne courbe qui part de droite à gauche et se réunit, en montant près de la vulve, à une distance de six à dix centimètres environ.

Cet écusson a, vers le haut, quelque ressemblance avec un cœur. Cette classe donne abondamment du lait, et approche de la 1re classe pour le produit.

5e classe, *bicornes*. Je distingue par ce nom les vaches de cette classe, parce que leur écusson est bifurqué et représente deux cornes montantes ; celle de gauche est plus longue que celle de droite ; ils se terminent à environ quinze à vingt centimètres de la vulve.

6e classe, *doubles-lisières*. La double-lisière ne diffère de la lisière de la 3e classe, que parce que son écusson est séparé dans toute sa longueur en deux parties égales par une bande de poil descendant du dessous de la vulve, et qui va jusqu'au milieu des quatrièmes trayons. Les vaches de cette classe sont aussi de bonnes laitières.

7e classe, *poitevines*. Le nom de poitevine vient de ce que l'écusson de ces vaches représente la forme d'une dame-jeanne ou pot de vin ; elle n'est pas plus originaire du Poitou que la flandrine ne l'est de la Flandre. Cette classe ou famille se trouve dans toutes les races.

8e classe, *équerrines*. Le nom indique la forme de l'écusson, qui en effet dessine une équerre par le haut et à gauche de la vulve, comme on peut le remarquer sur le dessin de la classification.

9e classe, *limousines*. Ce nom ne vient pas plus

du Limousin que la poitevine du Poitou, que la flandrine de la Flandre; il est purement arbitraire. L'écusson de cette classe représente la forme d'une flèche en remontant vers la vulve, qu'il n'atteint pas à un décimètre près.

10ᵉ classe, *carrésines*. Cette dénomination vient de ce que l'écusson de cette classe se termine carrément par le haut, en coupant au travers des cuisses. J'ai besoin d'ajouter que ces dix classes, qui doivent leurs noms à la forme de leurs écussons, se trouvent dans toutes les races, comme on pourra s'en convaincre en les étudiant avec attention et soin.

Toutes les fois qu'il s'agira de préciser la quantité de lait que l'animal donnera chaque jour, l'appréciateur aura soin d'augmenter ou de modifier le rendement écrit pour chaque ordre, selon que la bête sera plus ou moins bien nourrie, en prenant toujours l'étendue de l'écusson pour base. Quand l'écusson tiendra de deux classes, ce qui arrive souvent par l'effet de l'accouplement, l'appréciateur aura soin de chercher la classe et l'ordre avec lequel l'écusson a le plus de ressemblance, et en le balançant entre l'ordre supérieur et l'ordre inférieur, il arrivera à connaître son produit réel.

La figure de la bâtarde, qui porte le n° 7 dans chaque classe, ne vient en aucune façon augmenter

le nombre des classes ni des ordres, par la raison
que le type de la bâtardise peut se rencontrer dans
tous les ordres : c'est pourquoi je laisse les bâtardes
complétement en dehors de ma classification ; la
présence de ce type ne doit donc être considérée
que comme accidentelle, puisque tous les ordres
sont susceptibles de porter ce caractère, et que tout
le monde a intérêt à la faire disparaître ; c'est ce qui
arrivera le jour où la mise en pratique de ma méthode sera généralisée.

Lorsqu'une vache portera les épis reproduits par
la figure 7, elle sera bâtarde, c'est-à-dire qu'elle
perdra son lait dès les premiers temps de la gestation, quels que soient la classe et l'ordre auxquels
elle appartienne, et toujours selon la largeur de
ses épis.

CLASSIFICATION DES VACHES.

Nota. On aura soin de remarquer que l'indication du temps pendant lequel les vaches maintiennent leur lait durant la gestation est placé à la suite de la désignation de l'ordre, qui se trouve au-dessus de chaque gravure.

Les vaches bâtardes perdent leur lait presque aussitôt qu'elles sont en état de gestation.

1ʳᵉ CLASSE. FLANDRINES.

1ᵉʳ ORDRE — 8 MOIS.

Taille { haute... 24 / moyenne 19 / basse... 14 } litres.

2ᵉ ORDRE. — 7 MOIS.   3ᵉ ORDRE. — 6 MOIS.

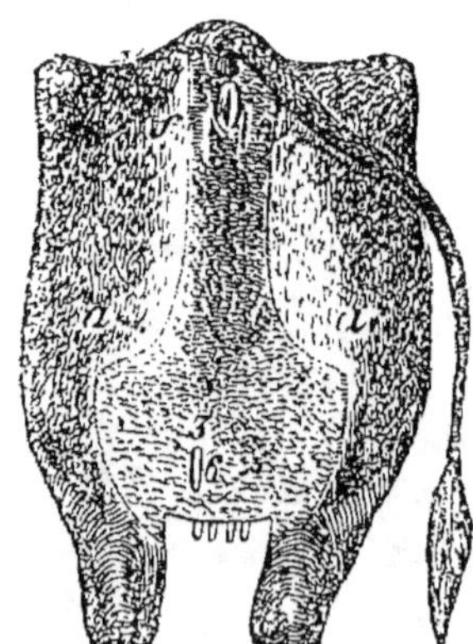 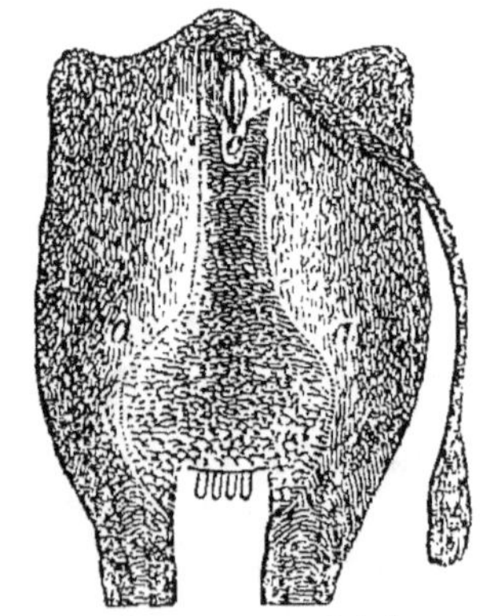

Taille { haute... 20 / moyenne 15 / basse... 11 } litres.   Taille { haute... 16 / moyenne 12 / basse... 8 } litres.

1ʳᵉ CLASSE. FLANDRINES.

(*Suite.*)

4ᵉ ORDRE. — 5 MOIS.

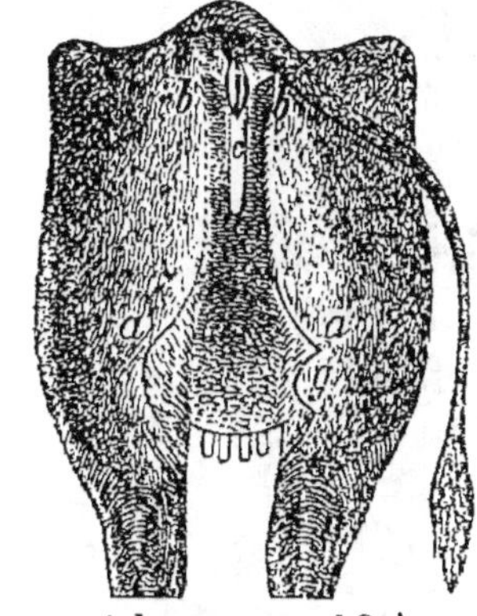

5ᵉ ORDRE. — 4 MOIS.

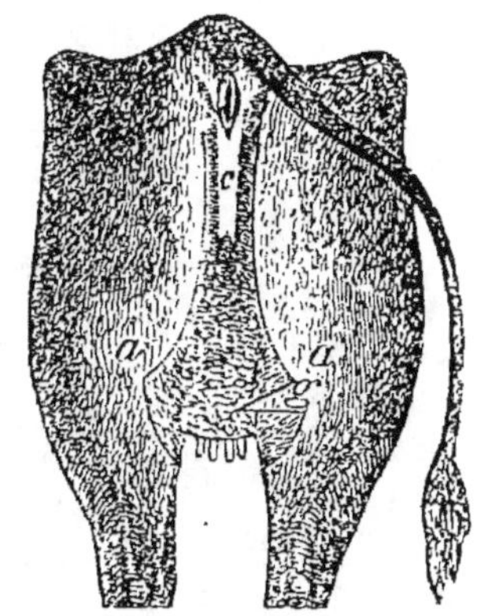

Taille { haute... 12 / moyenne 9 / basse... 6 } litres.

Taille { haute... 9 / moyenne 6 / basse... 3 } litres.

6ᵉ ORDRE. — 3 MOIS.

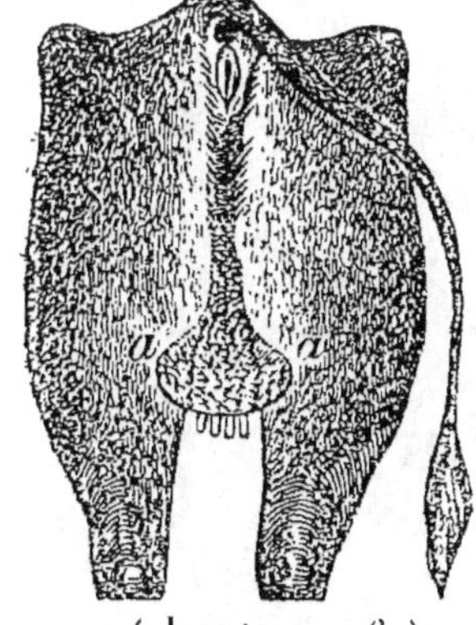

BÂTARDE.

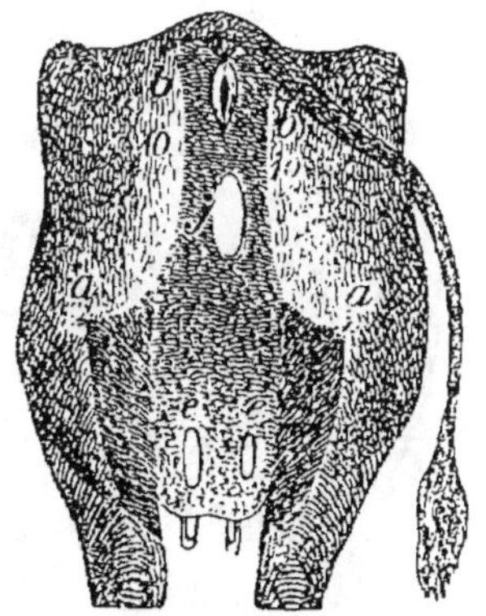

Taille { haute... 6 / moyenne 3 / basse... 1 } litres.

Rendement
selon son ordre.

2ᶜ ᴄʟᴀꜱꜱᴇ. FLANDRINES A GAUCHE.

1ᵉʳ ᴏʀᴅʀᴇ. — 8 ᴍᴏɪꜱ.

Taille { haute... 22 / moyenne 17 / basse... 13 } litres.

2ᶜ ᴏʀᴅʀᴇ. — 7 ᴍᴏɪꜱ.　　　　### 3ᵉ ᴏʀᴅʀᴇ. — 6 ᴍᴏɪꜱ.

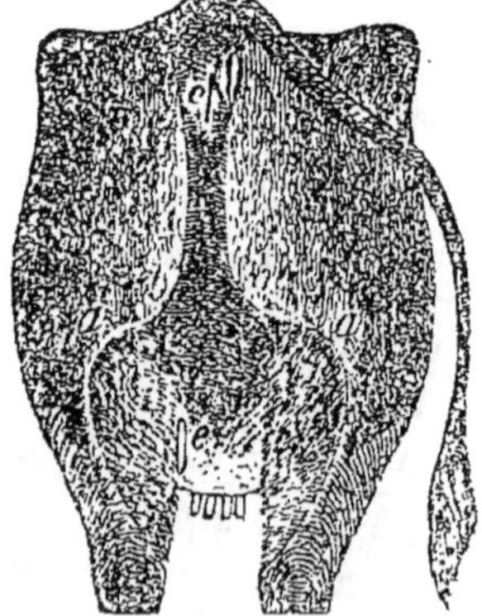
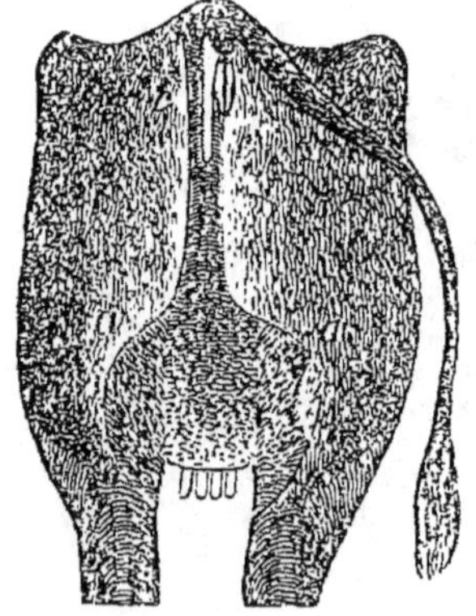

Taille { haute... 18 / moyenne 14 / basse... 10 } litres.　　　　Taille { haute... 14 / moyenne 10 / basse... 7 } litres.

2^e CLASSE. FLANDRINES A GAUCHE.

(Suite.)

4^e ORDRE. — 5 MOIS.

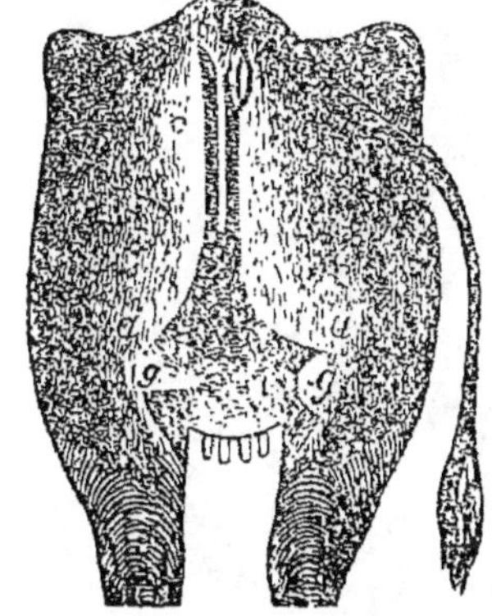

Taille { haute... 10 / moyenne 6 / basse ... 4 } litres.

5^e ORDRE. — 4 MOIS.

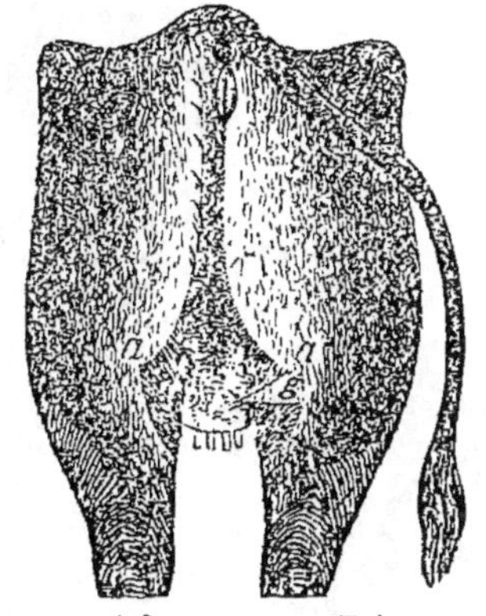

Taille { haute... 7 / moyenne 4 / basse ... 2 } litres.

6^e ORDRE. — 3 MOIS.

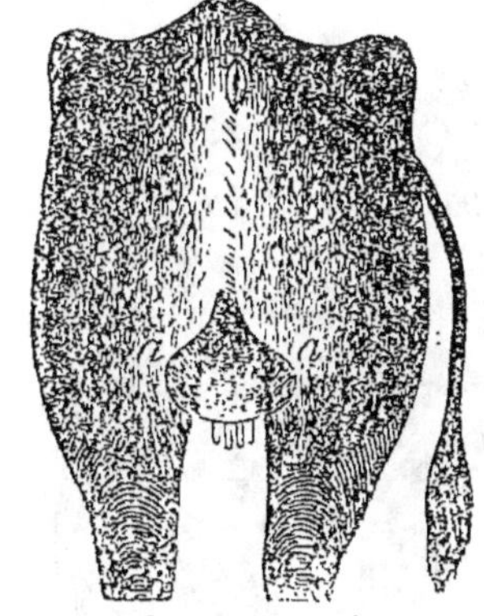

Taille { haute... 4 / moyenne 2 / basse ... 1 } litres.

BÂTARDE.

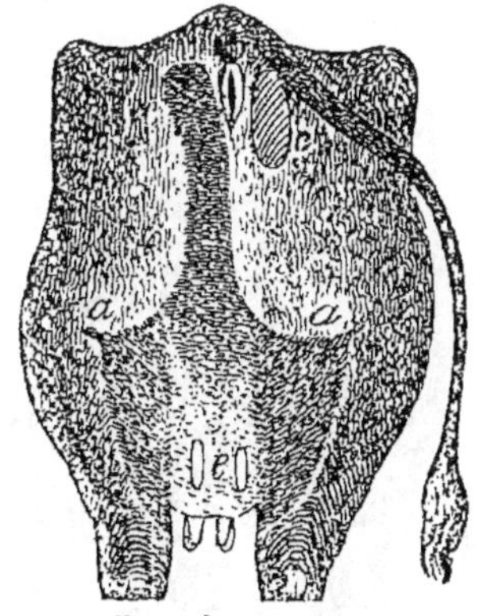

Rendement
selon son ordre.

5.

3ᵉ CLASSE. LISIÈRES.

1ᵉʳ ORDRE. — 8 MOIS.

$$\text{Taille} \begin{cases} \text{haute} \ldots 24 \\ \text{moyenne } 19 \\ \text{basse} \ldots 14 \end{cases} \text{litres.}$$

2ᵉ ORDRE. — 7 MOIS.   3ᵉ ORDRE. — 6 MOIS.

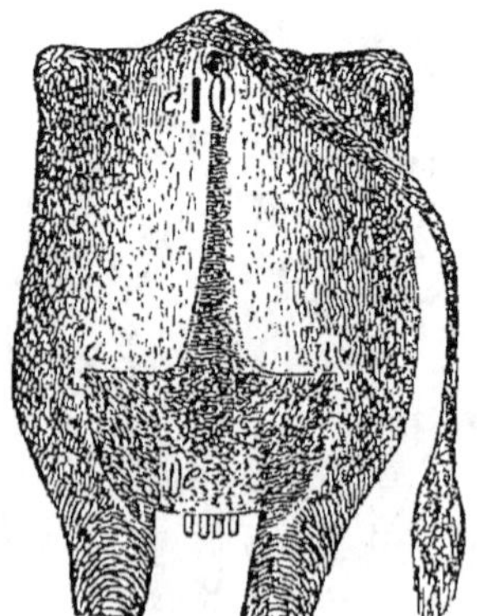 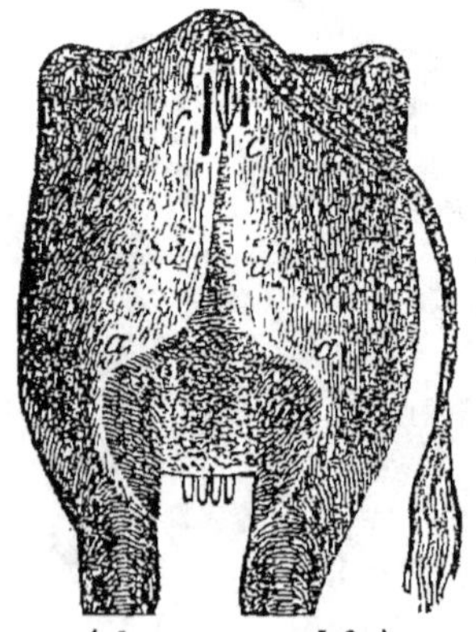

$$\text{Taille} \begin{cases} \text{haute} \ldots 20 \\ \text{moyenne } 15 \\ \text{basse} \ldots 11 \end{cases} \text{litres.} \qquad \text{Taille} \begin{cases} \text{haute} \ldots 16 \\ \text{moyenne } 12 \\ \text{basse} \ldots 8 \end{cases} \text{litres.}$$

3e CLASSE. LISIÈRES.

(Suite.)

4e ORDRE. — 5 MOIS.

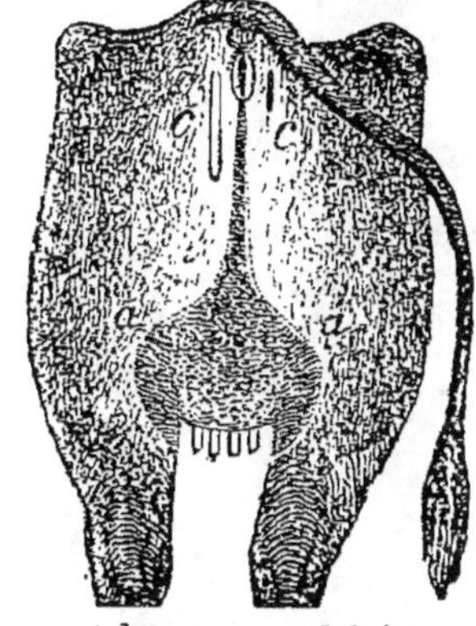

$$\text{Taille} \begin{cases} \text{haute}\ldots 12 \\ \text{moyenne}\quad 9 \\ \text{basse}\ldots\ 6 \end{cases} \text{litres.}$$

5e ORDRE. — 4 MOIS.

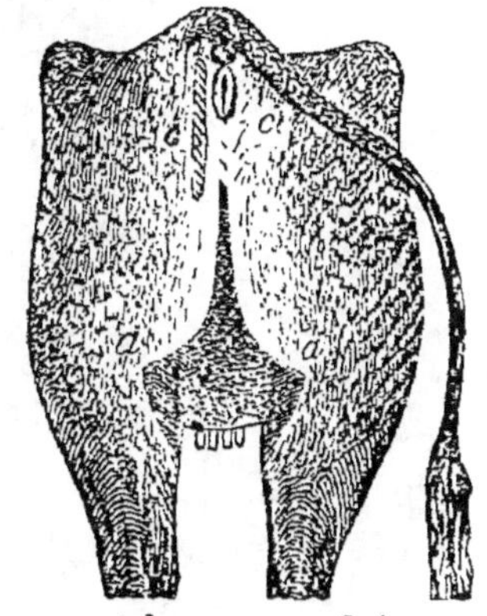

$$\text{Taille} \begin{cases} \text{haute}\ldots 9 \\ \text{moyenne}\ 6 \\ \text{basse}\ldots 3 \end{cases} \text{litres.}$$

6e ORDRE. — 3 MOIS.

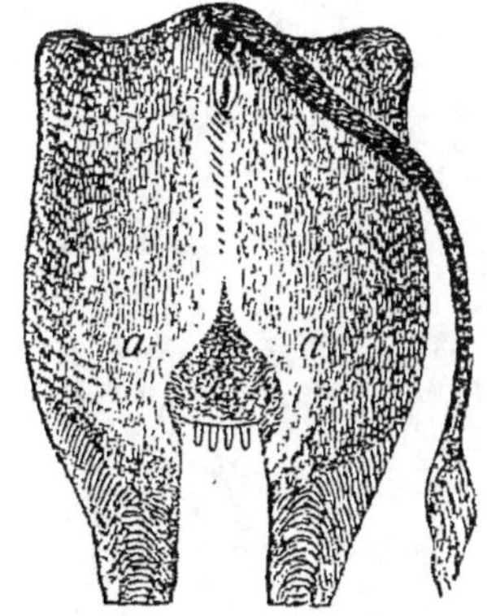

$$\text{Taille} \begin{cases} \text{haute}\ldots 6 \\ \text{moyenne}\ 3 \\ \text{basse}\ldots 1 \end{cases} \text{litres.}$$

BÂTARDE.

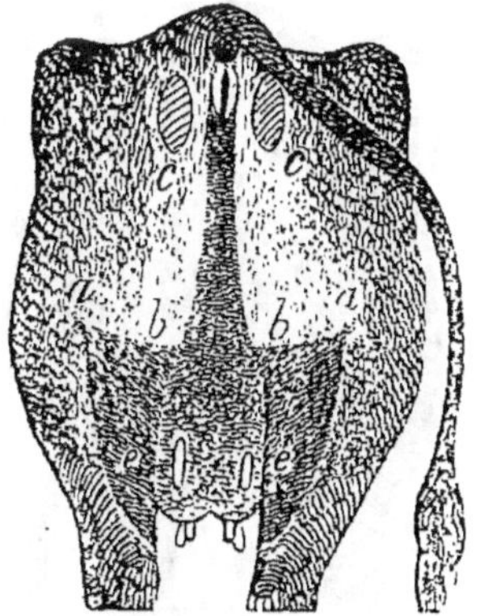

Rendement
selon son ordre.

4ᵉ CLASSE. COURBES-LIGNES.

1ᵉʳ ORDRE. — 8 MOIS.

$$\text{Taille} \begin{cases} \text{haute}\ldots 24 \\ \text{moyenne } 19 \\ \text{basse}\ldots 14 \end{cases} \text{litres.}$$

2ᵉ ORDRE. — 7 MOIS.   3ᵉ ORDRE. — 6 MOIS.

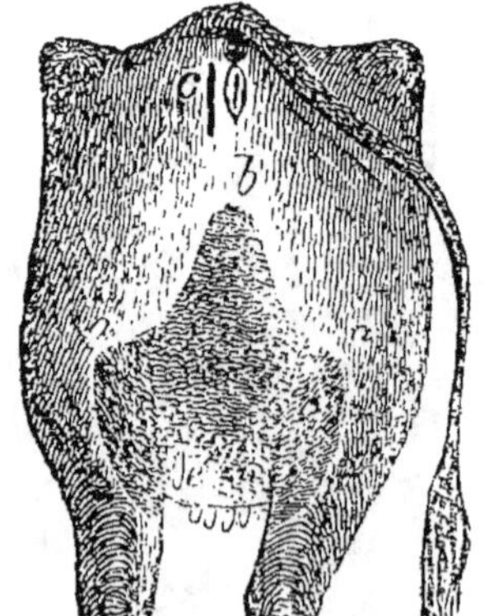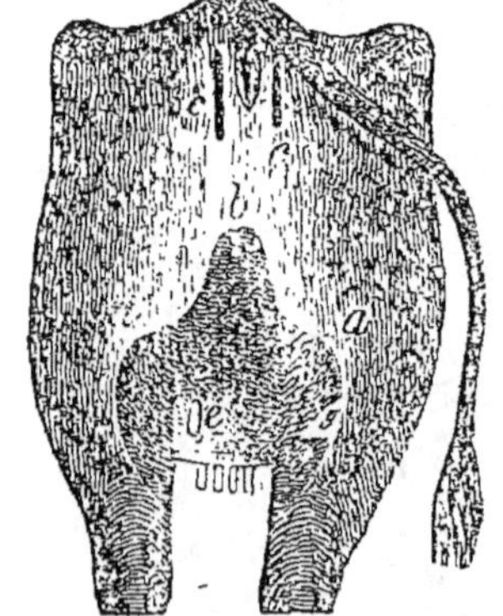

$$\text{Taille} \begin{cases} \text{haute}\ldots 20 \\ \text{moyenne } 15 \\ \text{basse}\ldots 11 \end{cases} \text{litres.} \qquad \text{Taille} \begin{cases} \text{haute}\ldots 16 \\ \text{moyenne } 12 \\ \text{basse}\ldots 8 \end{cases} \text{litres.}$$

4ᵉ CLASSE. COURBES-LIGNES.

(Suite.)

4ᵉ ORDRE. — 5 MOIS.

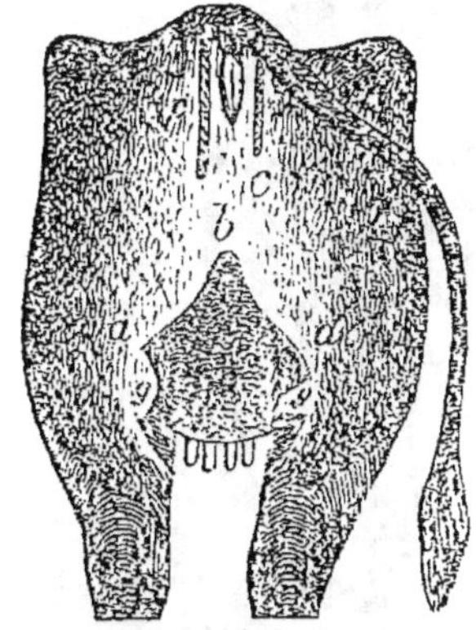

$$\text{Taille}\begin{cases}\text{haute}\ldots 12\\\text{moyenne}\quad 9\\\text{basse}\ldots\quad 6\end{cases}\text{litres.}$$

5ᵉ ORDRE. — 4 MOIS.

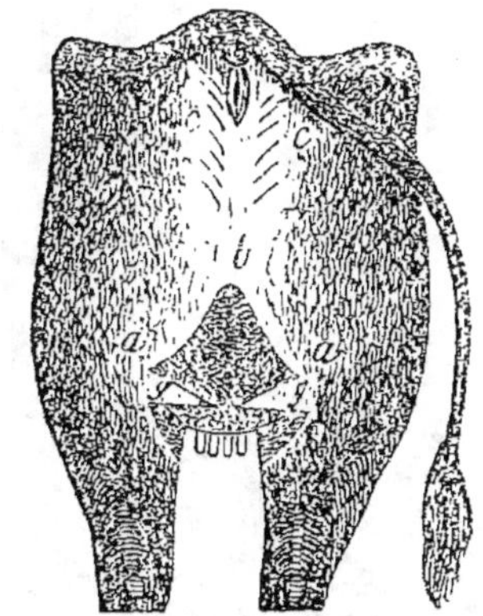

$$\text{Taille}\begin{cases}\text{haute}\ldots 9\\\text{moyenne}\ 6\\\text{basse}\ldots 3\end{cases}\text{litres.}$$

6ᵉ ORDRE. — 3 MOIS.

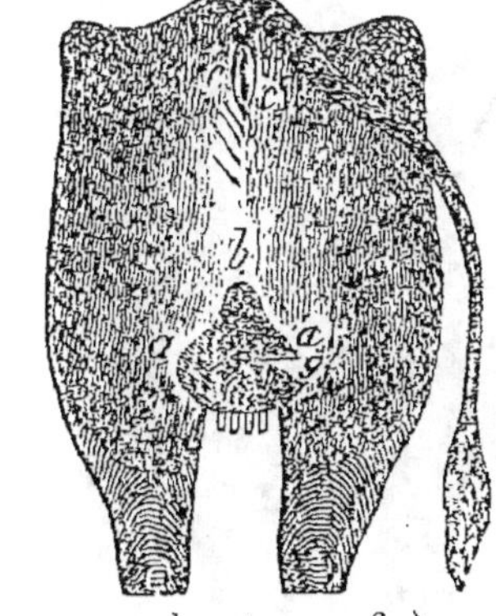

$$\text{Taille}\begin{cases}\text{haute}\ldots 6\\\text{moyenne}\ 3\\\text{basse}\ldots 1\end{cases}\text{litres.}$$

BÂTARDE.

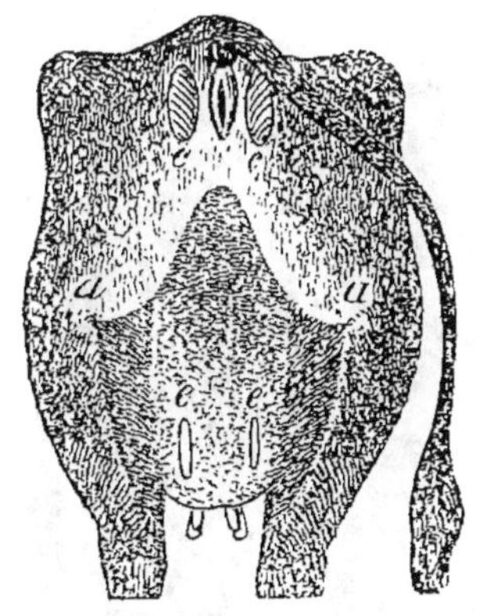

Rendement
selon son ordre.

5ᵉ CLASSE. BICORNES.

1ᵉʳ ORDRE. — 8 MOIS.

Taille $\left\{\begin{array}{l}\text{haute} \dots 24 \\ \text{moyenne } 19 \\ \text{basse} \dots 14\end{array}\right\}$ litres.

2ᵉ ORDRE. — 7 MOIS.

Taille $\left\{\begin{array}{l}\text{haute} \dots 20 \\ \text{moyenne } 15 \\ \text{basse} \dots 11\end{array}\right\}$ litres.

3ᵉ ORDRE. — 6 MOIS.

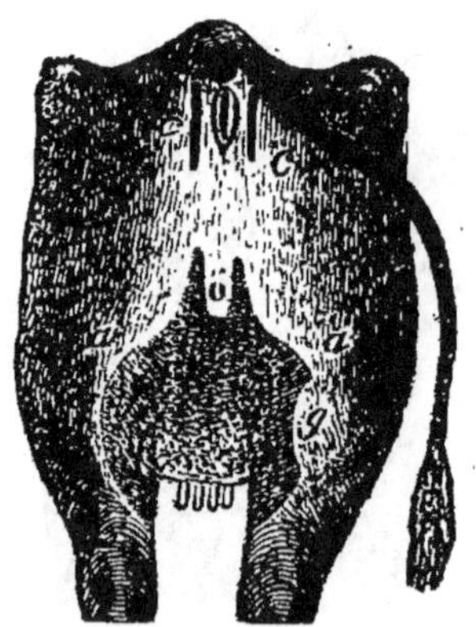

Taille $\left\{\begin{array}{l}\text{haute} \dots 16 \\ \text{moyenne } 12 \\ \text{basse} \dots \ \ 8\end{array}\right\}$ litres.

5e CLASSE. BICORNES.

(Suite.)

4e ORDRE. — 5 MOIS.

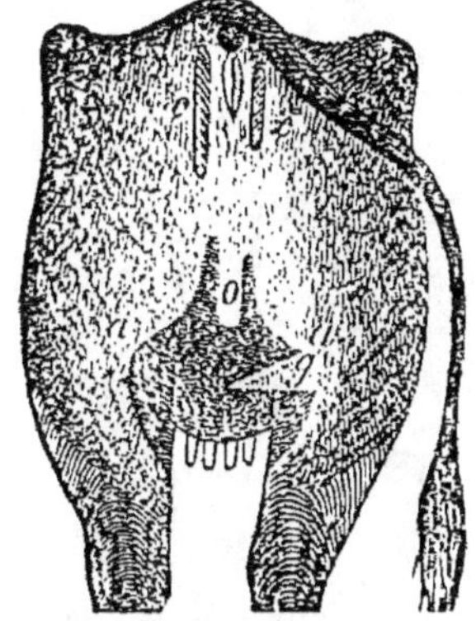

Taille { haute... 12 / moyenne 9 / basse... 6 } litres.

5e ORDRE. — 4 MOIS.

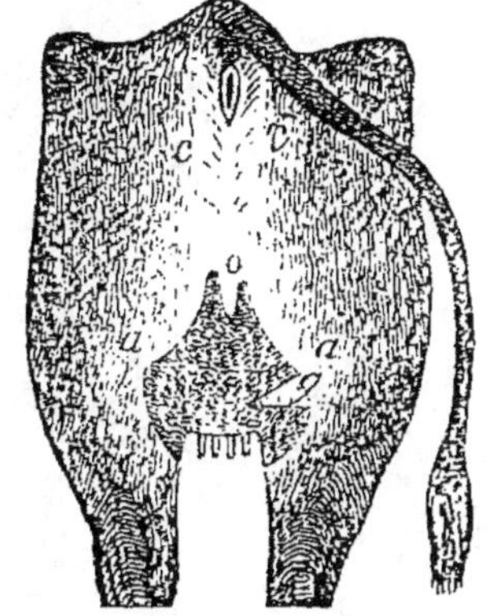

Taille { haute... 9 / moyenne 6 / basse... 3 } litres.

6e ORDRE. — 3 MOIS.

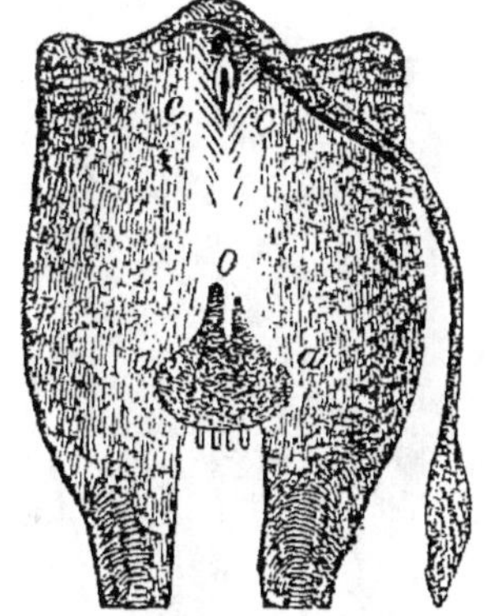

Taille { haute.... 6 / moyenne . 3 / basse .... 1 } litres.

BÂTARDE.

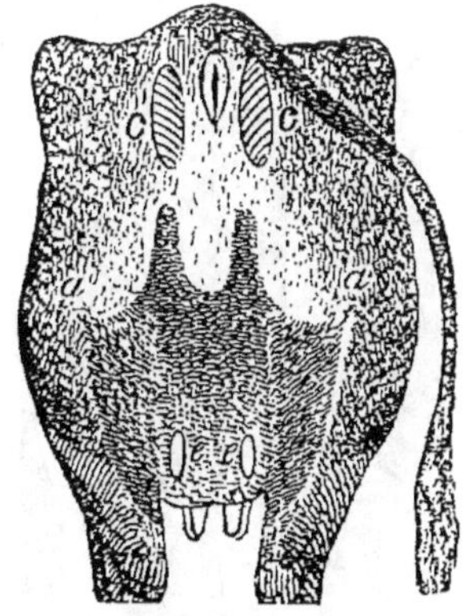

Rendement
selon son ordre.

6ᵉ CLASSE. DOUBLES-LISIÈRES.

1ᵉʳ ORDRE. — 8 MOIS.

$$\text{Taille} \begin{cases} \text{haute} \dots 22 \\ \text{moyenne } 17 \\ \text{basse} \dots 13 \end{cases} \text{litres.}$$

2ᵉ ORDRE. — 7 MOIS.　　　　　3ᵉ ORDRE. — 6 MOIS.

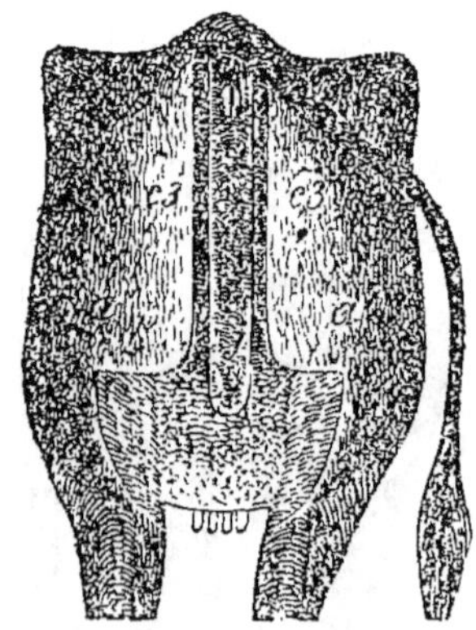 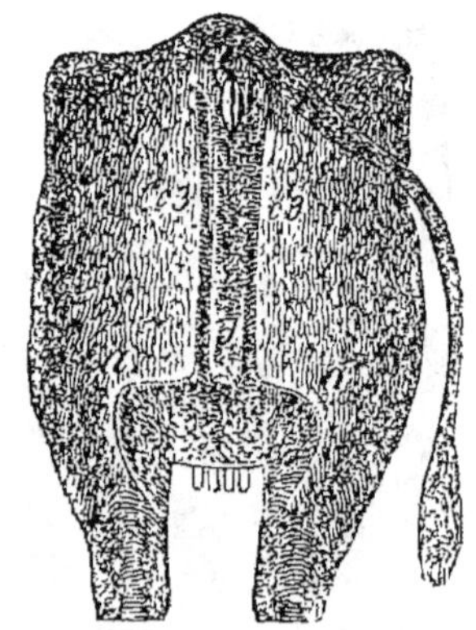

$$\text{Taille} \begin{cases} \text{haute} \dots 18 \\ \text{moyenne } 14 \\ \text{basse} \dots 10 \end{cases} \text{litres.} \qquad \text{Taille} \begin{cases} \text{haute} \dots 14 \\ \text{moyenne } 10 \\ \text{basse} \dots 7 \end{cases} \text{litres.}$$

6ᵉ CLASSE. DOUBLES-LISIÈRES.

(Suite.)

4ᵉ ORDRE. — 5 MOIS.

5ᵉ ORDRE. — 4 MOIS.

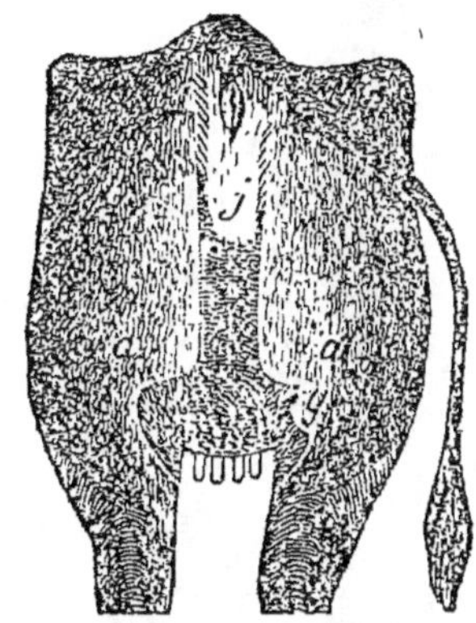

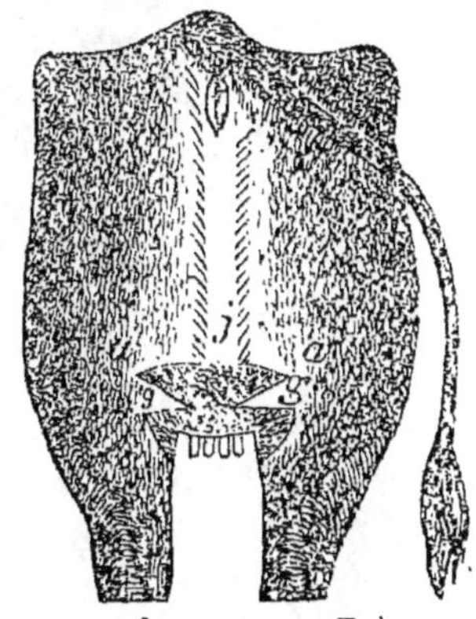

Taille { haute... 10 / moyenne 6 / basse... 4 } litres.

Taille { haute... 7 / moyenne 4 / basse... 2 } litres.

6ᵉ ORDRE. — 3 MOIS.

BÂTARDE.

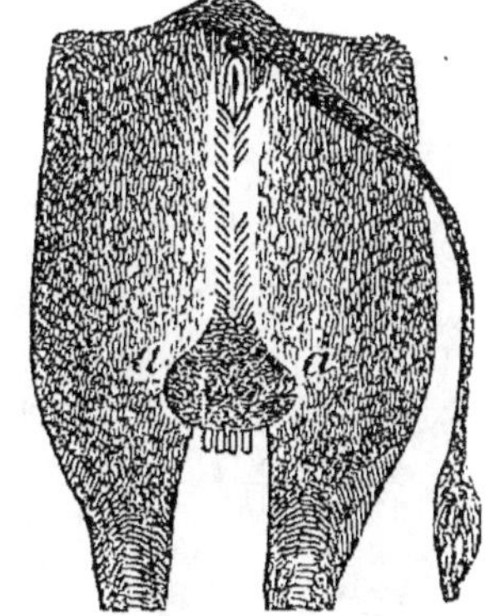

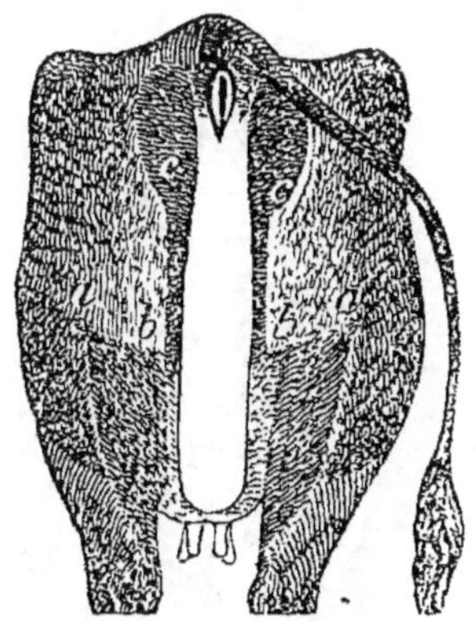

Taille { haute... 4 / moyenne 2 / basse... 1 } litres.

Rendement
selon son ordre.

7ᵉ classe. POITEVINES.

1ᵉʳ ordre. — 8 mois.

Taille { haute.... 22 / moyenne . 19 / basse .... 14 } litres.

2ᵉ ordre. — 7 mois.

3ᵉ ordre. — 6 mois.

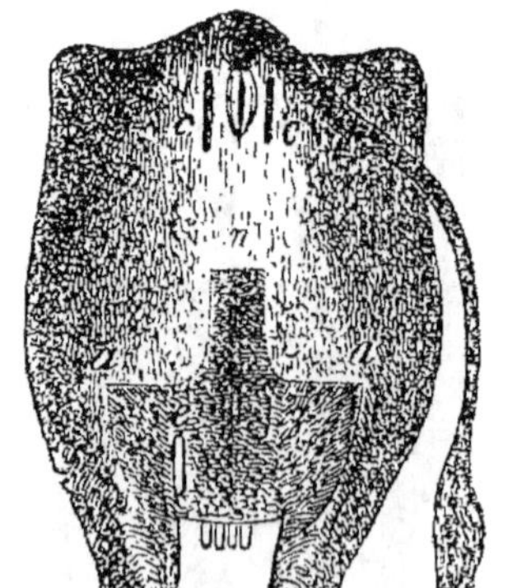

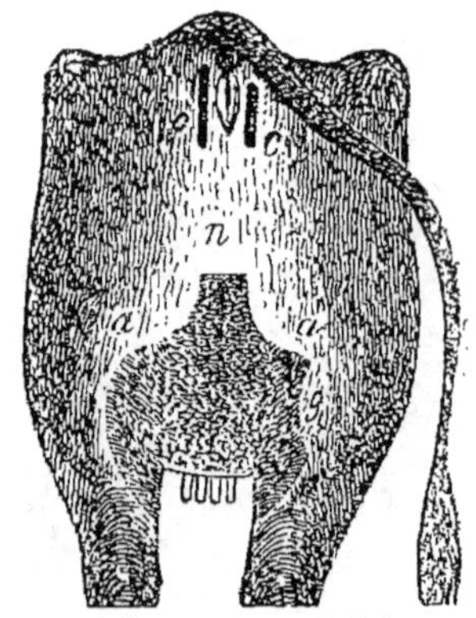

Taille { haute... 20 / moyenne 15 / basse... 11 } litres.

Taille { haute... 16 / moyenne 12 / basse... 8 } litres.

7ᶜ CLASSE. POITEVINES.

(*Suite.*)

4ᵉ ORDRE. — 5 MOIS.

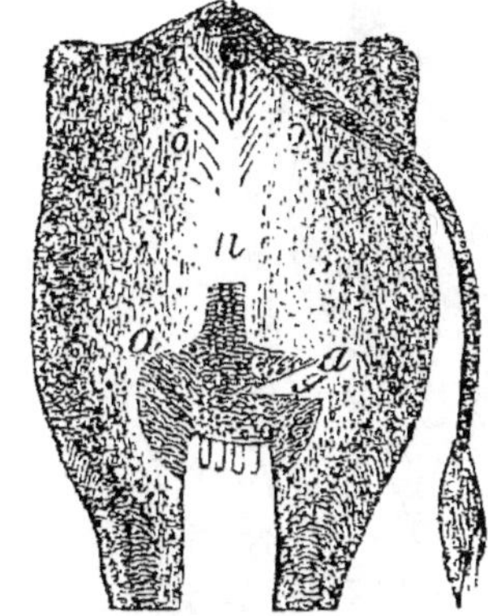

Taille { haute... 12 / moyenne 9 / basse... 6 } litres.

5ᵉ ORDRE. — 4 MOIS.

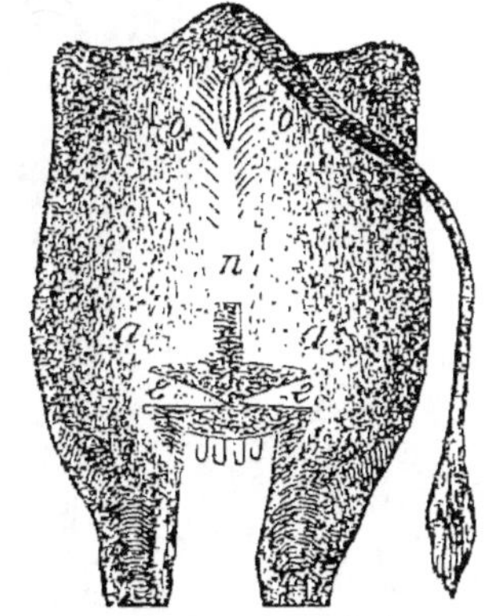

Taille { haute... 9 / moyenne 6 / basse... 3 } litres.

6ᵉ ORDRE. — 3 MOIS.

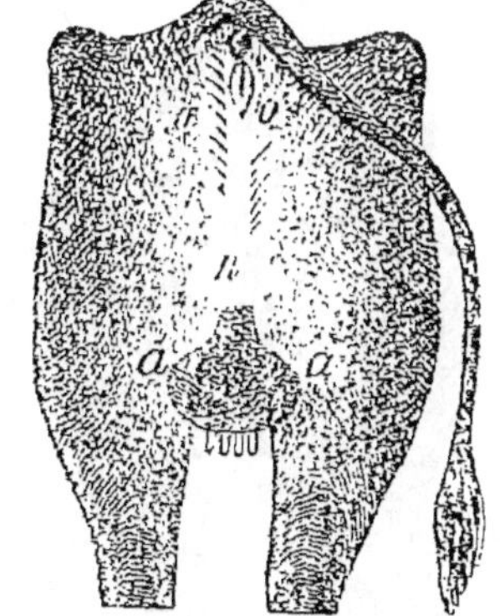

Taille { haute... 6 / moyenne 3 / basse... 1 } litres.

BÂTARDE.

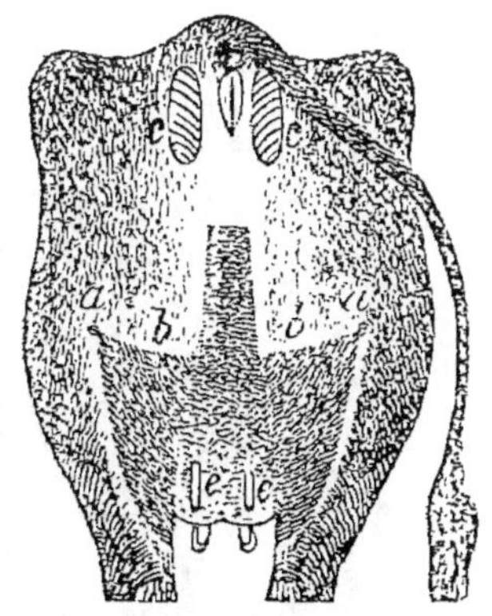

Rendement
selon son ordre.

8ᵉ CLASSE. ÉQUERRINES.

1ᵉʳ ORDRE. — 8 MOIS.

Taille { haute... 22 / moyenne 17 / basse... 13 } litres.

2ᵉ ORDRE. — 7 MOIS.　　　3ᵉ ORDRE. — 6 MOIS.

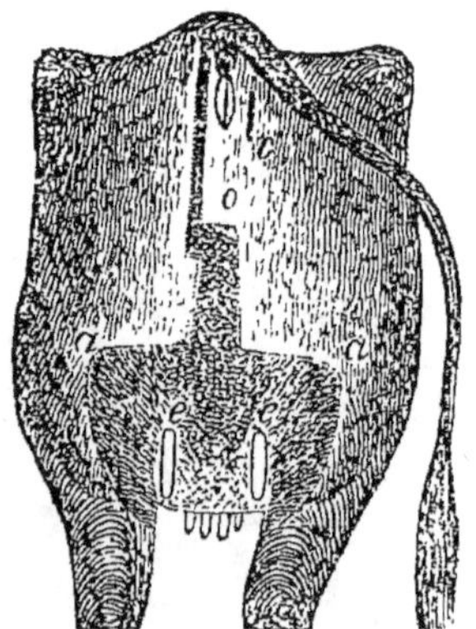

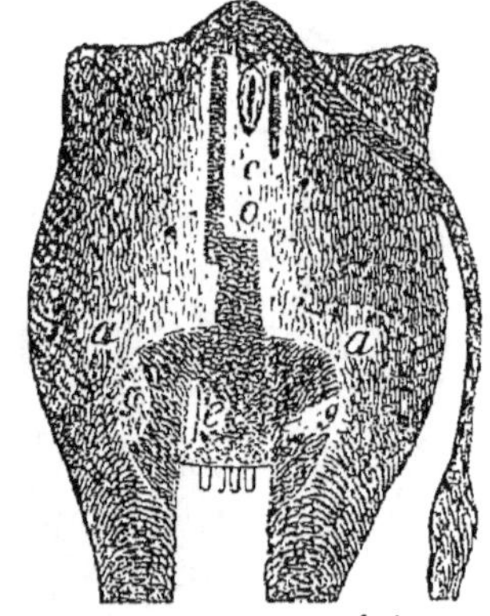

Taille { haute... 18 / moyenne 14 / basse... 10 } litres.　　　Taille { haute... 14 / moyenne 10 / basse... 7 } litres.

8e CLASSE. ÉQUERRINES.

(Suite.)

4e ORDRE. — 5 MOIS.

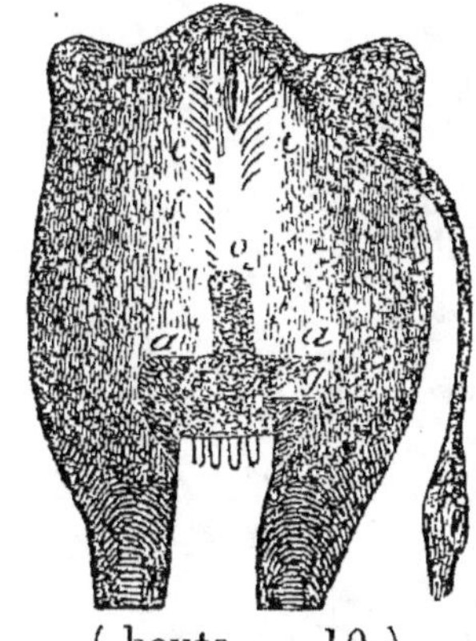

Taille { haute... 10 / moyenne 6 / basse... 4 } litres.

5e ORDRE. — 4 MOIS.

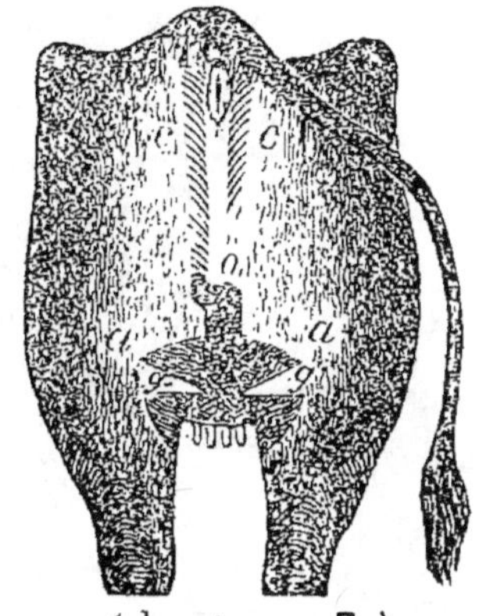

Taille { haute... 7 / moyenne 4 / basse... 2 } litres.

6e ORDRE. — 3 MOIS.

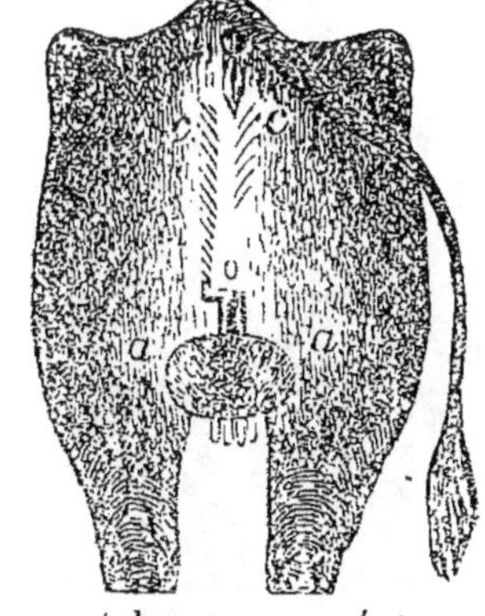

Taille { haute.... 4 / moyenne . 2 / basse.... 1 } litres.

BÂTARDE.

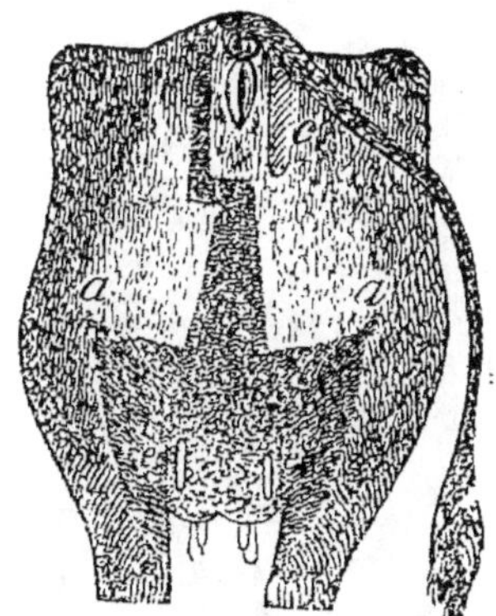

Rendement
selon son ordre.

6.

9ᵉ CLASSE. LIMOUSINES.

1ᵉʳ ORDRE. — 8 MOIS.

$$\text{Taille} \begin{cases} \text{haute} \ldots 20 \\ \text{moyenne } 15 \\ \text{basse} \ldots 10 \end{cases} \text{litres.}$$

2ᵉ ORDRE. — 7 MOIS.   3ᵉ ORDRE. — 6 MOIS.

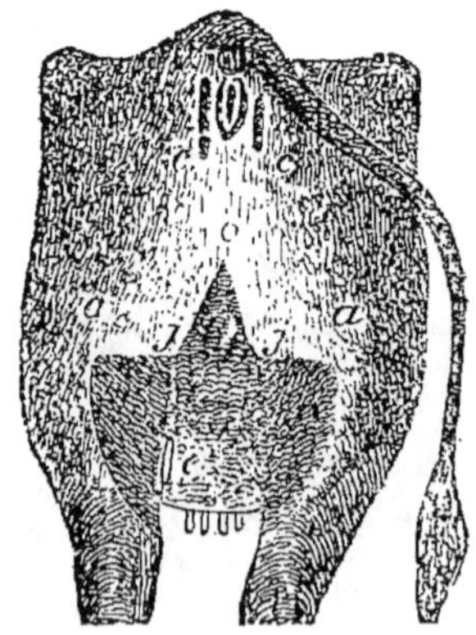
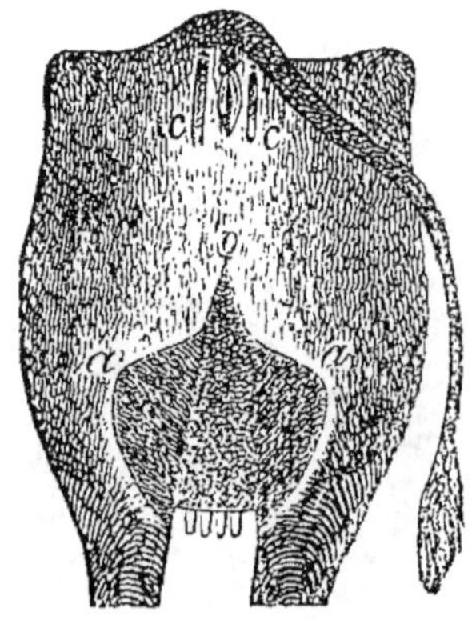

$$\text{Taille} \begin{cases} \text{haute} \ldots 16 \\ \text{moyenne } 12 \\ \text{basse} \ldots 8 \end{cases} \text{litres.} \qquad \text{Taille} \begin{cases} \text{haute} \ldots 12 \\ \text{moyenne } 9 \\ \text{basse} \ldots 6 \end{cases} \text{litres.}$$

9ᵉ CLASSE. LIMOUSINES.

(*Suite.*)

4ᵉ ORDRE. — 5 MOIS.

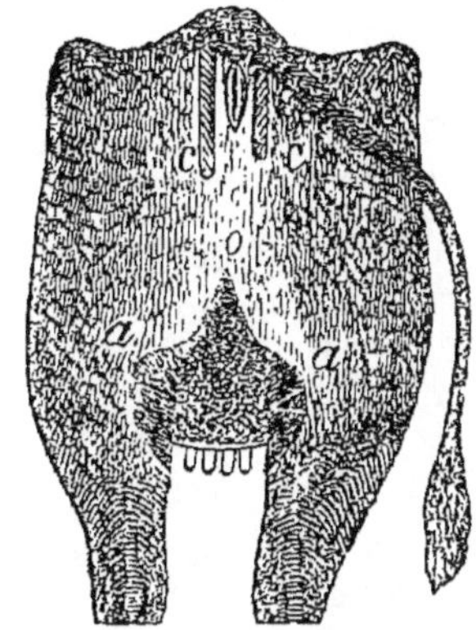

Taille { haute... 7 / moyenne 6 / basse... 4 } litres.

5ᵉ ORDRE. — 4 MOIS.

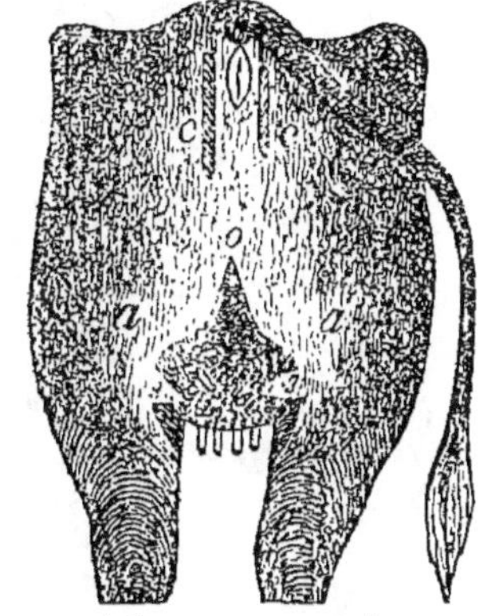

Taille { haute... 6 / moyenne 3 / basse... 2 } litres.

6ᵉ ORDRE. — 3 MOIS.

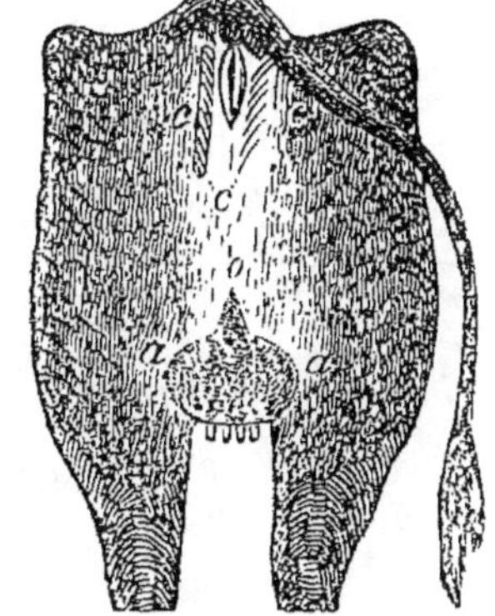

Taille { haute.... 3 / moyenne . 2 / basse .... 1 } litres.

BÂTARDE.

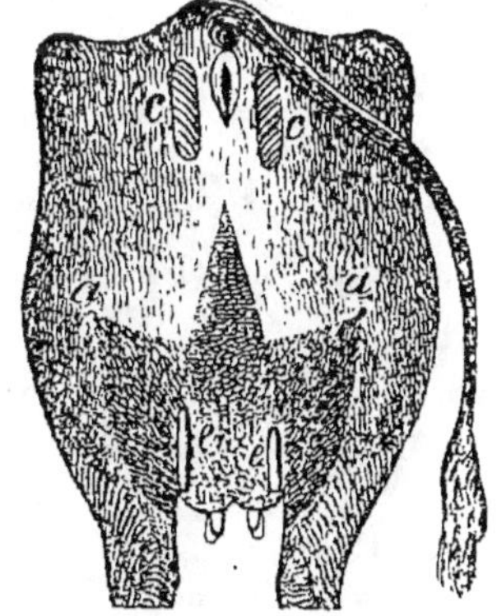

Rendement
selon son ordre.

10ᵉ CLASSE. CARRÉSINES.

1ᵉʳ ORDRE. — 8 MOIS.

Taille { haute... 20 moyenne 15 basse... 10 } litres.

2ᵉ ORDRE. — 7 MOIS.   3ᵉ ORDRE. — 6 MOIS.

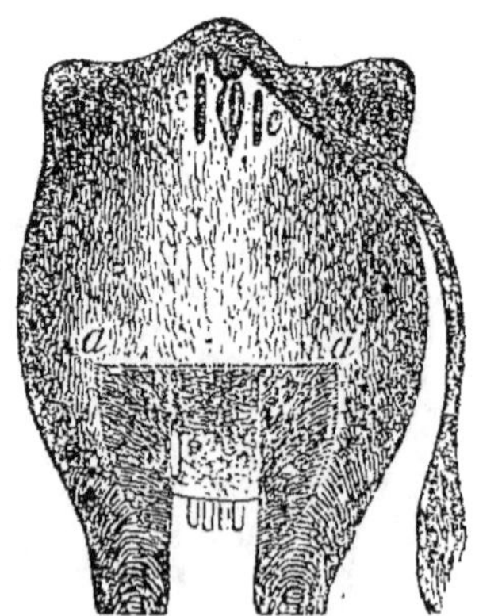

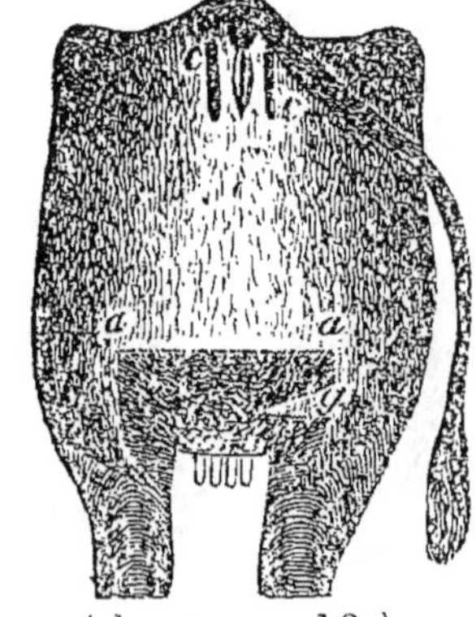

Taille { haute... 16 moyenne 12 basse... 8 } litres.   Taille { haute... 12 moyenne 9 basse... 6 } litres.

10e CLASSE. CARRÉSINES.

(*Suite.*)

4ᵉ ORDRE. — 5 MOIS.

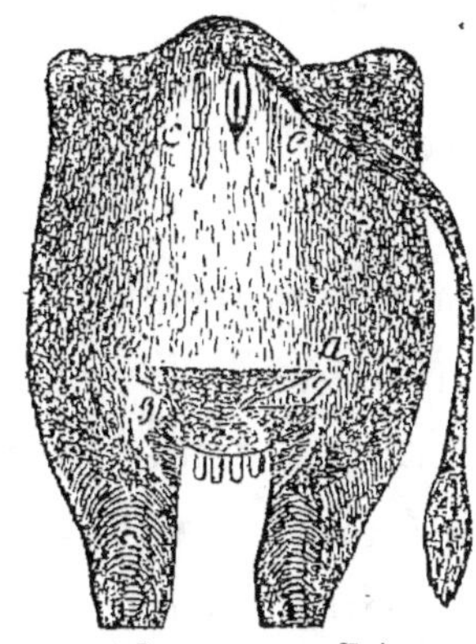

Taille { haute... 7 / moyenne 6 / basse... 4 } litres.

5ᵉ ORDRE. — 4 MOIS.

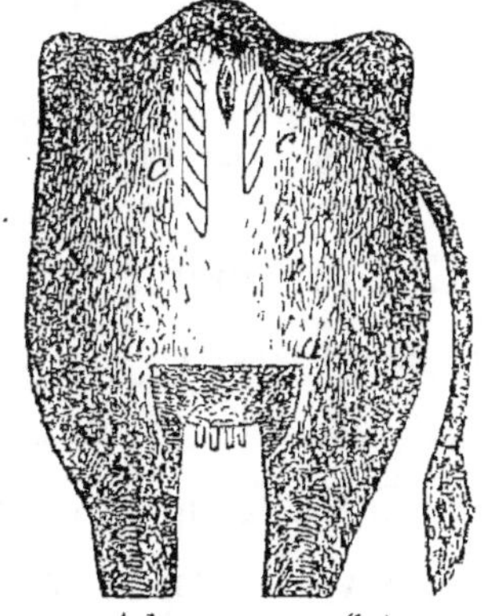

Taille { haute... 6 / moyenne 3 / basse... 2 } litres.

6ᵉ ORDRE. — 3 MOIS.

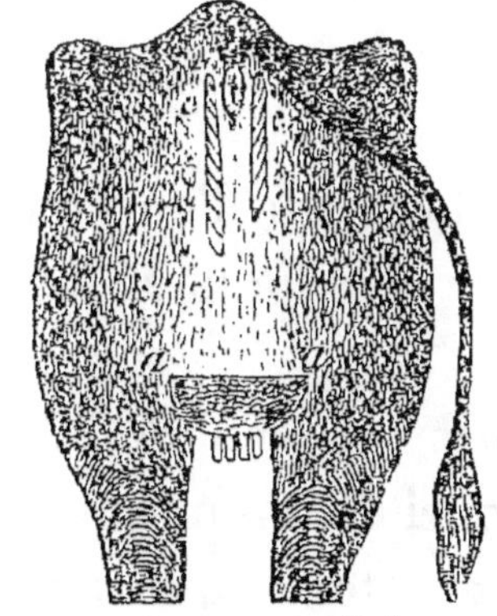

Taille { haute... 3 / moyenne 2 / basse... 1 } litres.

BÂTARDE.

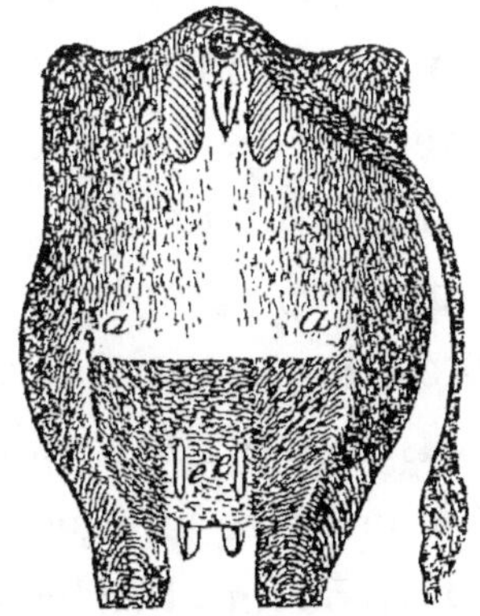

Rendement
selon son ordre.

CHAPITRE VIII.

DES TAUREAUX.

Chaque classe ou famille a ses taureaux, que l'on reconnaîtra facilement à la forme de leur écusson, qui affecte le même dessin que celui des vaches : seulement il est moins étendu dans toutes ses parties, par la raison toute simple que les tissus qui renferment les organes de la génération chez le mâle sont moins développés que ne le sont, dans les femelles, les organes sécréteurs du lait.

Pour toutes les classes, la partie sur laquelle se remarque l'écusson doit être fine et recouverte d'un poil court et soyeux ou cotonneux, et plutôt rare que fourré.

La couleur de l'écusson doit être d'une teinte jaunâtre, veloutée et nuancée comme pour les vaches des premiers ordres.

Les pellicules épidermiques qui s'en détachent doivent être onctueuses au toucher; en un mot, on doit trouver chez les taureaux toutes les qualités des meilleures vaches, attendu que ces caractères dénotent que les reproducteurs transmettront à leurs descendants les qualités nécessaires pour donner du lait en abondance et de première qualité.

La classification des taureaux, comme celle des vaches, est divisée en dix classes ou familles, et pour rendre l'application plus simple, je divise chaque classe en trois ordres seulement pour les taureaux, sous les dénominations de bons, médiocres, mauvais.

Cependant, si l'on voulait pousser la connaissance des taureaux comme celle des vaches à sa dernière limite, on n'aurait qu'à suivre ponctuellement la classification des vaches pour y arriver. Par contre, si l'on voulait abréger l'étude de la connaissance de la vache, au lieu d'opérer sur six ordres, on opérerait sur trois comme pour les taureaux, en confondant dans le même ordre le 1er et le 2e, également dans un seul le 3e et le 4e, et de même pour les deux derniers ordres de chaque classe.

Le choix du taureau n'est pas une chose indifférente pour l'amélioration de l'espèce; mais le bon choix est rare et difficile à se procurer, attendu que dans leur jeune âge ils sont castrés ou vendus à la boucherie, par la raison toute simple que leurs mères sont bonnes laitières et leur donnent, par une abondante nourriture, une plus grande valeur. Ce qui, en général, les fait rechercher par la boucherie, c'est la nature de leur chair, qui est toujours d'une excellente qualité. Au contraire, les veaux des ordres inférieurs trouvent chez la mère un lait peu abondant et en petite quantité : aussi sont-ils chétifs et n'ont qu'une mince valeur. Ils sont impropres pour la boucherie, et par cela même imposent au cultivateur l'obligation de les élever.

La première chose à faire pour améliorer les vaches laitières est donc de choisir dès le jeune âge les veaux qui réunissent l'écusson de premier ordre, et toutes les qualités de forme qui d'ordinaire laissent présager un excellent étalon.

Les classes les plus répandues, et chez lesquelles on trouve le plus grand nombre de taureaux, sont : 1° la courbe-ligne ; 2° la limousine ; 3° la carrésine.

Les taureaux sont aussi divisés, quant à la taille, en haute, moyenne et basse.

CLASSIFICATION DES TAUREAUX.

1re CLASSE. FLANDRINS.

1er ORDRE.

Bons.

2^e ORDRE.   3^e ORDRE.

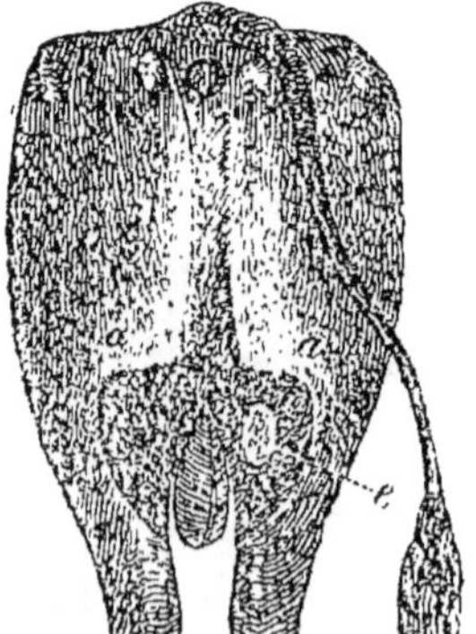

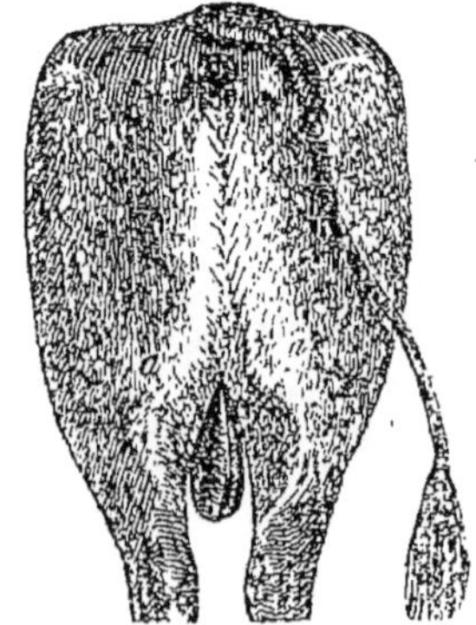

Médiocres.   Mauvais.

2ᵉ CLASSE. FLANDRINS.

1ᵉʳ ORDRE.

Bons.

2ᵉ ORDRE.

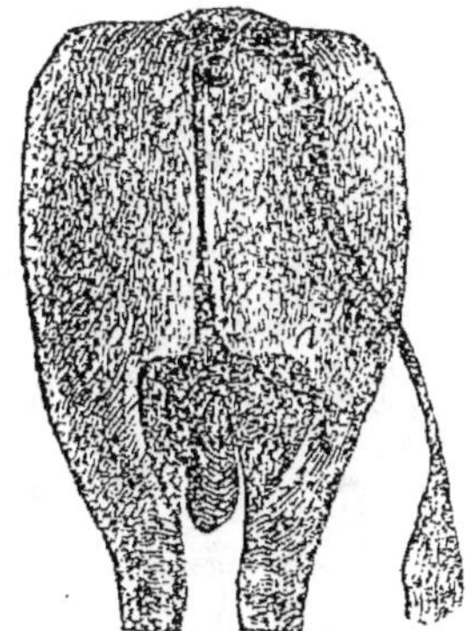

Médiocres.

3ᵉ ORDRE.

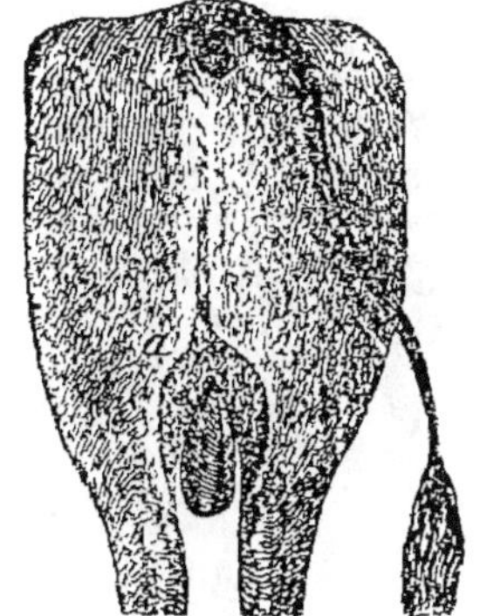

Mauvais.

7

3ᵉ CLASSE. LISIÈRES.

1ᵉʳ ORDRE.

Bons.

2ᵉ ORDRE.   3ᵉ ORDRE.

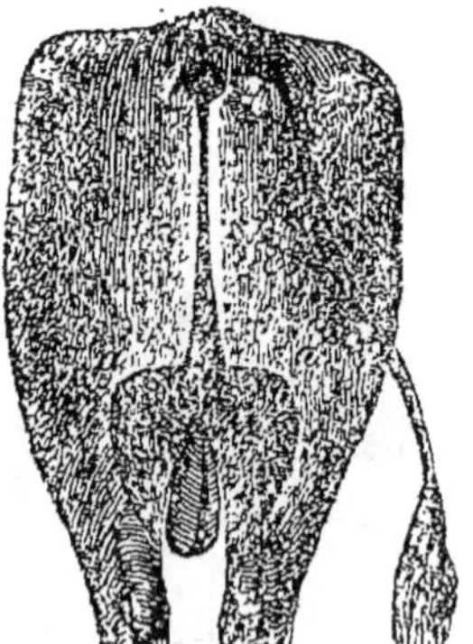
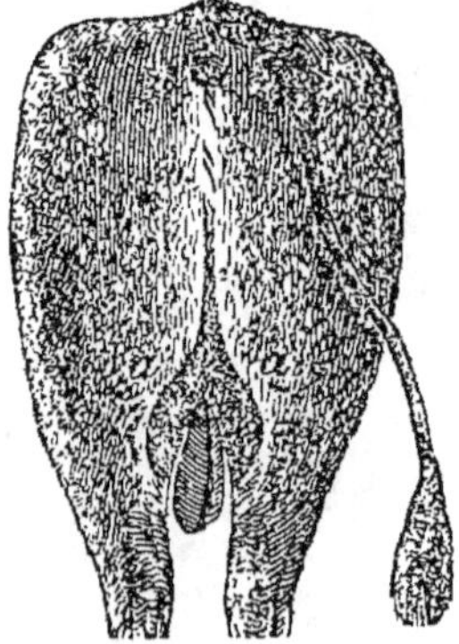

Médiocres.   Mauvais.

4ᵉ CLASSE. COURBES-LIGNES.

1ᵉʳ ORDRE.

Bons.

2ᵉ ORDRE.

3ᵉ ORDRE.

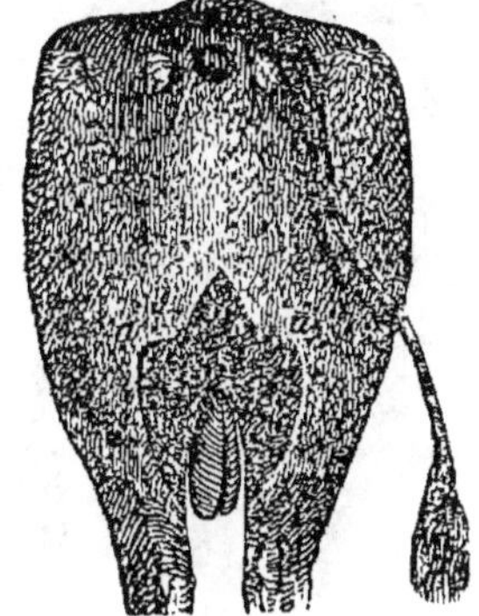

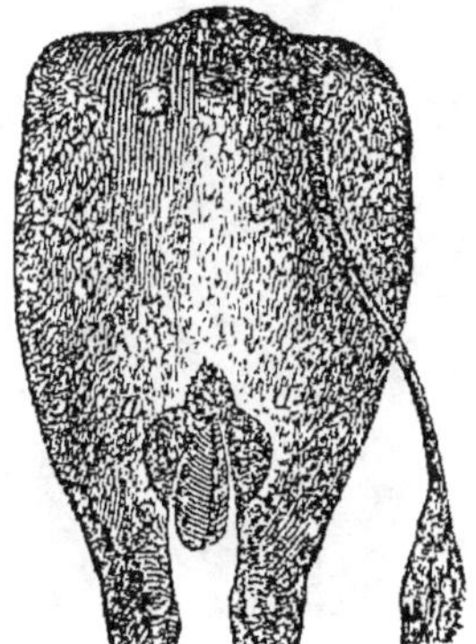

Médiocres.

Mauvais.

7.

5ᵉ CLASSE. BICORNES.

1ᵉʳ ORDRE.

Bons.

2ᵉ ORDRE.

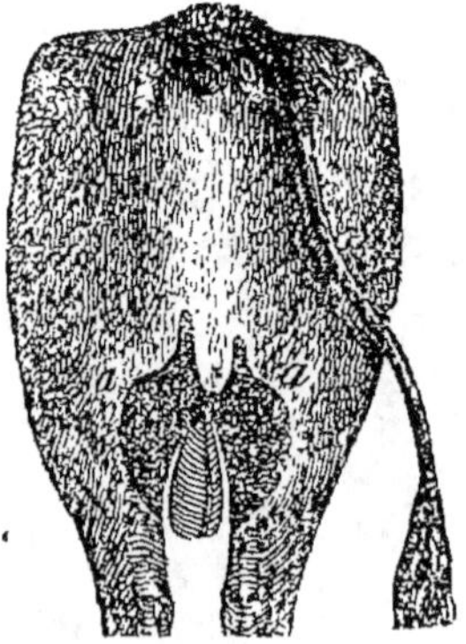

Médiocres.

3ᵉ ORDRE.

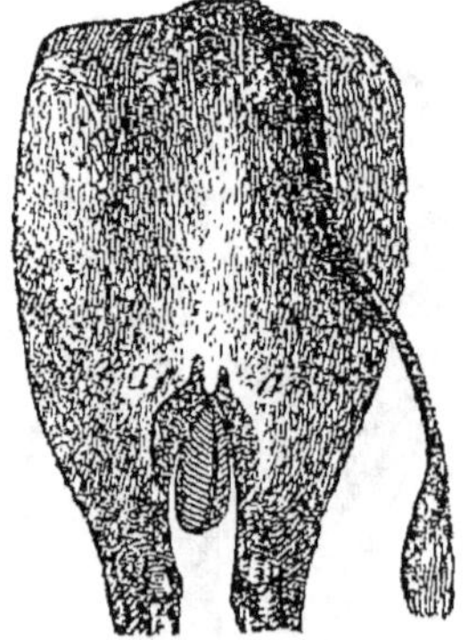

Mauvais.

6ᵉ CLASSE. DOUBLES-LISIÈRES.

1ᵉʳ ORDRE.

Bons.

2ᵉ ORDRE.

3ᵉ ORDRE.

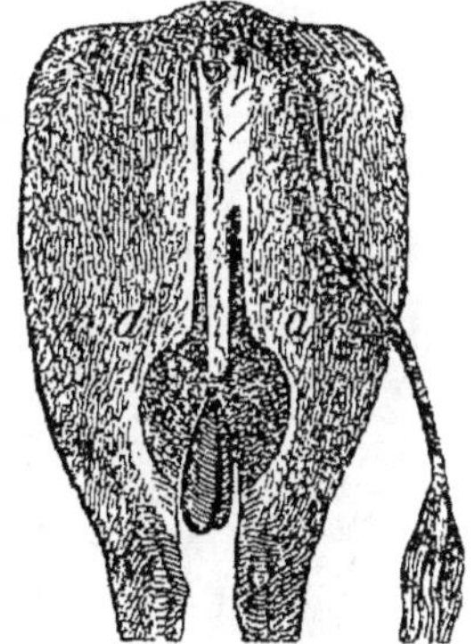

Médiocres.

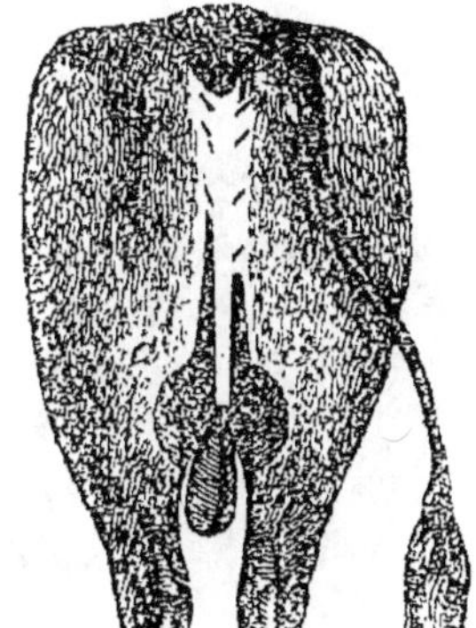

Mauvais.

7ᵉ CLASSE. POITEVINS.

1ᵉʳ ORDRE.

Bons.

2ᵉ ORDRE.	3ᵉ ORDRE.
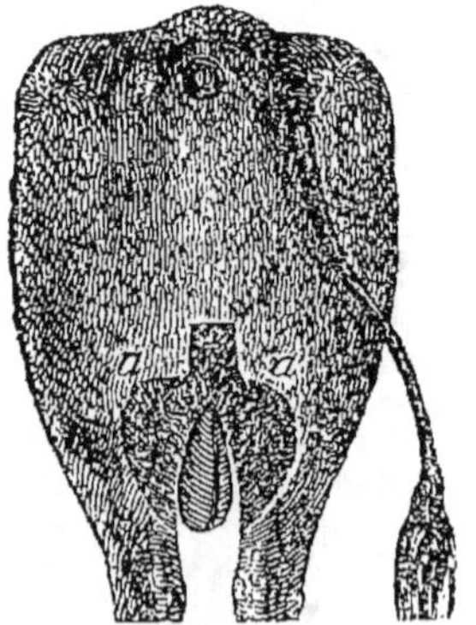	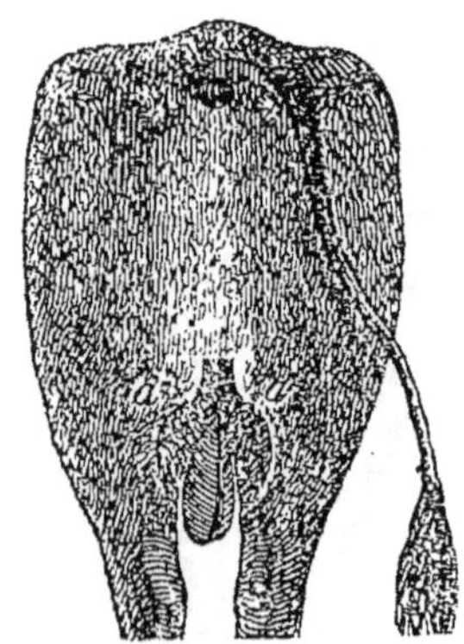
Médiocres.	Mauvais.

8ᵉ CLASSE. ÉQUERRINS.

1ᵉʳ ORDRE.

Bons.

2ᵉ ORDRE.

3ᵉ ORDRE.

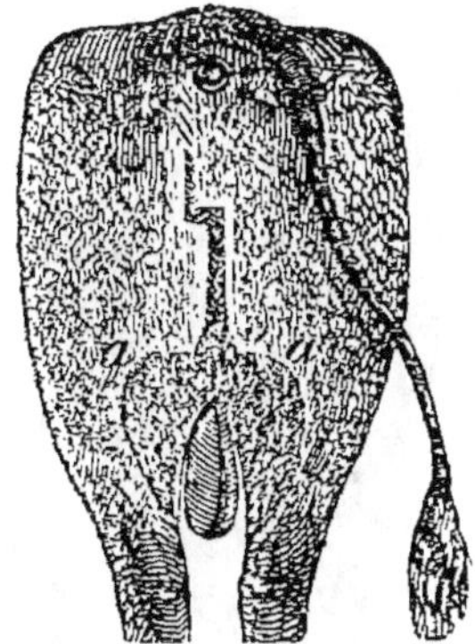

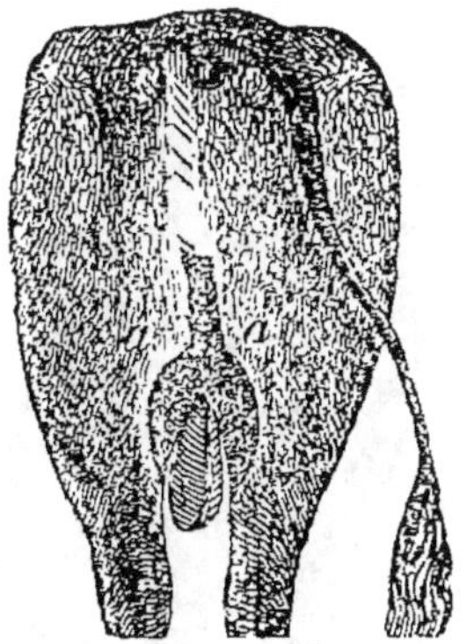

Médiocres.

Mauvais.

9ᵉ CLASSE. LIMOUSINS.

1ᵉʳ ORDRE.

Bons.

2ᵉ ORDRE.   3ᵉ ORDRE.

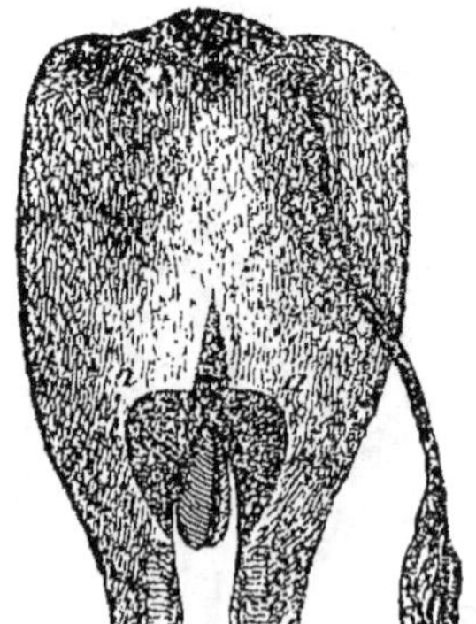

Médiocres.

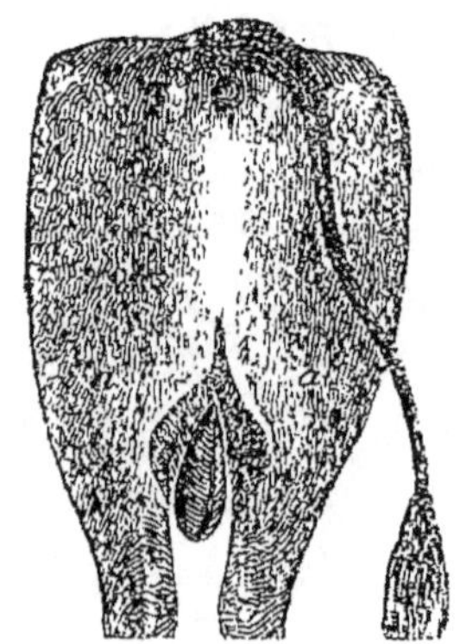

Mauvais.

10e classe. CARRÉSINS.

1er ORDRE.

Bons.

2e ORDRE.

3e ORDRE.

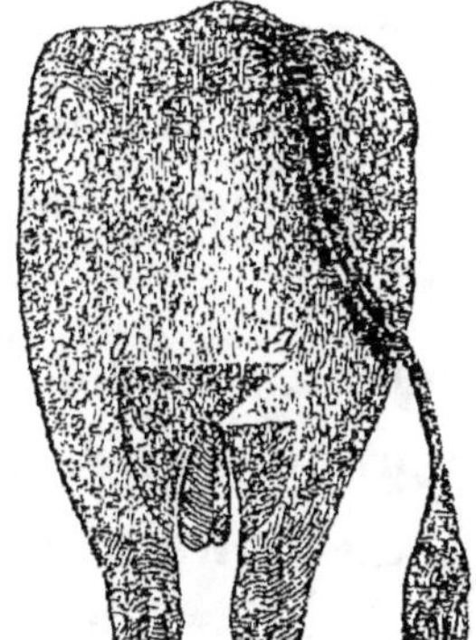

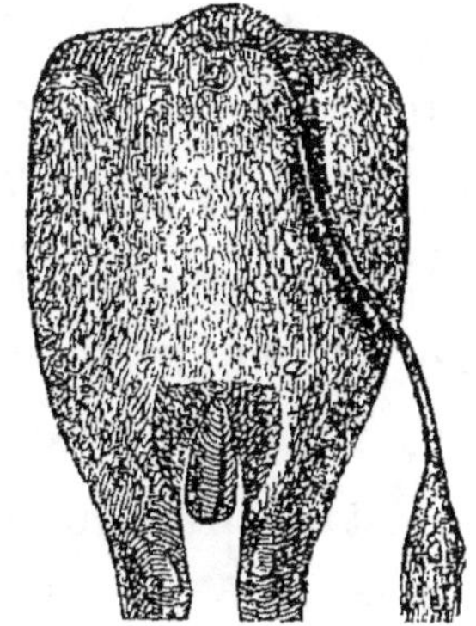

Médiocres.

Mauvais.

CHAPITRE IX.

DE L'AMÉLIORATION DE L'ESPÈCE PAR L'ACCOUPLEMENT.

Toutes les races sont susceptibles de s'améliorer par elles-mêmes, mais ce n'est que par l'alliance de taureaux et de vaches des premiers ordres qu'on peut arriver à une prompte régénération, à une amélioration véritable de l'espèce.

Jusqu'à présent on a procédé aux accouplements sans guide ou en aveugle, se fiant seulement à l'apparence extérieure des individus : aussi en est-il résulté une dégénérescence, quant au produit lactifère, dans le plus grand nombre de l'espèce. Eh bien ! c'est pour conjurer ce mal, qui chaque jour empire, que je recommande d'allier entre eux les sujets des premiers ordres, qu'il sera désormais facile de distinguer par les signes qui constituent ma découverte, et dont j'ai donné la description au chapitre des écussons et des épis.

En procédant avec discernement, avec soin, on n'aura plus à craindre que les produits de l'accouplement soient mauvais ; on sera au contraire assuré de les avoir bons, et de voir chaque jour son étable s'améliorer.

CHAPITRE X.

DE L'ÂGE.

On reconnaît l'âge des animaux de la race bovine à l'inspection des dents et des cornes; ils ont trente-deux dents, dont *vingt-quatre* grosses, nommées *molaires,* et *huit* petites, nommées *incisives,* seulement à la mâchoire inférieure.

Les dents de lait sont remplacées par des dents adultes qui permettent de reconnaître facilement l'âge de la bête.

Les premières mitoyennes (dents de devant) tombent à deux ans et demi, deux par deux et par rang d'âge; les secondes mitoyennes à trois ans; les troisièmes mitoyennes à trois ans et demi; les dernières, qui sont les coins, à quatre ans.

A cinq ans, la dentition est ordinairement régulière; à partir de sept à huit ans, cette harmonie s'altère et les dents du centre se raccourcissent et atteignent le niveau des plus courtes. C'est alors que l'on dit vulgairement que la bête a rasé ses dents. A neuf ans, les dents ont leur biseau usé; leur partie tranchante présente des formes arrondies.

De dix à douze ans les dents se clair-sèment entre

elles, les alvéoles se rétrécissent, les dents se déchaussent, se raccourcissent et finissent par tomber.

Dans les terrains de bruyère ou sablonneux, la denture s'use beaucoup plus vite. Dans les pâturages abondants les dents se conservent mieux, et le cultivateur, dans l'appréciation de l'âge, doit, avant de se fixer, avoir égard à la nature des pacages sur lesquels les animaux ont été élevés et nourris.

On reconnaît aussi l'âge par les cornes, mais seulement lorsque la bête est arrivée à l'âge de trois ans; alors la corne forme un bourrelet à sa base : ce bourrelet s'appelle *anneau*. Chaque année voit naître à la même place un nouvel anneau qui pousse le précédent : c'est ainsi qu'en prenant pour trois ans le premier anneau on arrive sûrement à préciser l'âge de l'animal; mais lorsqu'il a atteint l'âge de neuf à douze ans, la corne se rappetisse à la base, les anneaux s'effacent et l'âge ne se reconnaît plus.

CHAPITRE XI.

DÉFAUTS APPARENTS QUI DÉPRÉCIENT LES VACHES
DESTINÉES AU SERVICE DE LA LAITERIE.

Ces défauts sont : 1° l'imperfection de l'écusson, puisque les vaches qui n'ont pas les écussons des premiers ordres sont mauvaises ou médiocres laitières.

2° Les vaches poupèques sont celles qui ont perdu la sécrétion du lait par un ou plusieurs trayons. Après cet accident, il est rare que le trayon recouvre son état normal.

3° Les taurelières, qui, par la fureur utérine qui les domine, cessent bientôt d'être propres à la reproduction et à la laiterie; on les distingue d'avec les autres à leur croupe élevée, à leur vulve gonflée, à leur arrière-train affaissé comme celui d'une vache prête à faire le veau.

4° Il y a des vaches naturellement stériles et qui ne connaissent pas le rut; on les reconnaît au peu de développement de l'arrière-train. La croupe est courte, arrondie et avalée, la vulve resserrée, le pis petit, et les trayons sont comme collés au ventre.

5° Celles qui retiennent leur lait ont le caractère capricieux; elles se rencontrent parmi les mères qui sont accoutumées à nourrir leurs veaux jusqu'à un âge assez avancé. Ce défaut est plus répandu dans les pays où l'on ne fait pas du lait un objet de commerce.

6° Il y a des bêtes méchantes au point de souffrir difficilement qu'on soit à la portée de leurs cornes ou sur la même ligne que leurs pieds de derrière; les élèves de ces vaches sont, comme elles, méchants, ces défauts étant héréditaires.

7° La vache qui se tette elle-même est atteinte d'un malheureux défaut contre lequel il n'existe pas de remède: ce vice ne fait que grandir avec le temps.

8° Les vaches dont le lait est séreux sont toujours de mauvaises laitières, quels que soient l'ordre et la classe auxquels elles appartiennent: cependant on les conserve dans les grandes vacheries, où la seule industrie est la vente du lait.

9° La pommelière, ou phthisique pulmonaire, a le poil terne, quelquefois piqué ou hérissé, la peau adhérente aux côtes, la respiration courte et gênée, etc. Cette maladie est redoutable : l'animal qui en est atteint est souvent perdu; néanmoins, la vache laitière, quand elle est bonne, est utilisée jusqu'à complet épuisement.

10° On nomme vulgairement *os de graisse* une inflammation du périoste, c'est-à-dire de la membrane qui enveloppe l'os maxillaire : à cet endroit il se forme une sorte de pustule cancéreuse qui fait grossir l'os; cet os devient ensuite spongieux, et finit par crever la peau. Le mal est alors incurable.

11° Les maladies de la peau proviennent de refroidissement et exercent une influence malfaisante sur le tempérament de la bête. Dans ces maladies, la peau est dénuée de poil par places grandes ou petites.

12° Les vaches sujettes à des inflammations du vagin, et dont la matrice a subi des renversements, sont exposées à ce que, vers le terme de leur gestation, ces accidents se renouvellent, et ce n'est qu'après la mise-bas et sur la fin d'une nouvelle gestation qu'elles en souffrent; cependant, ce cas n'a pas toute la gravité que beaucoup de personnes lui attribuent.

13° La hernie provient quelquefois de chutes et souvent de coups de corne échangés entre les vaches : quelle que soit la cause qui l'a fait naître, sa présence porte à la bête un dommage qu'il n'est pas toujours bien facile d'apprécier.

14° Les dartres sont contagieuses; elles s'étendent promptement sur tout le corps de la bête, si l'on n'y met obstacle, et se communiquent facilement aux personnes habituellement chargées de les soigner : elles portent à l'animal qui en est atteint un préjudice quelquefois considérable.

15° Les vaches qui paissent les pâturages ingrats de certains lieux aquatiques sont sujettes à des maladies de l'épine dorsale : de là des crampes, tantôt dans une jambe, tantôt dans l'autre, et quelquefois dans les quatre jambes à la fois.

A la longue, ces inconvénients finissent par rendre l'animal hydropique, puis étique, et le mal devient tout à fait redoutable ; cependant, on peut espérer sa guérison en changeant l'animal de pâturage, quand le mal n'est pas trop invétéré.

16° Dans certaines contrées marécageuses où les pâturages sont acides, l'animal a les dents agacées par l'herbe et l'eau âcre que donnent ces terrains aquatiques : alors il ronge un os, un caillou, une huître, une semelle de soulier qu'il recherche sur son passage ; il mange les cordes, le linge, etc. ; dans ces moments, il oublie même de manger. On nomme cette maladie vulgairement *ensargué.*

Quelques mois après la sortie de ces pacages, l'eau et la nourriture contribuent à la guérison, lorsque le mal n'est pas invétéré.

17° La cocotte est une maladie qui date en France des années 1837 et 1838 : ainsi que la petite vérole, elle ne visite guère qu'une seule fois les individus qu'elle attaque.

La cocotte amène des dérangements notables dans le tempérament des vaches laitières. L'expérience n'a pas encore révélé les moyens de l'arrêter dans son cours; mais elle ne dure guère que de huit à douze jours : sur certaines vaches, les accidents qu'elle cause durent pendant la vie, et l'animal est taré.

18° La race bovine est sujette à la petite vérole; elle se distingue plus particulièrement sur les vaches laitières : les pustules sont grosses comme des pois et crèvent quand on presse les trayons, où particulièrement on les remarque.

Cette maladie n'a pas grande importance, car elle se guérit presque toujours sans qu'on se soit même douté de sa présence.

19° Il y a aussi les écarts, qui rendent les bœufs et les vaches *impropres au travail*. Pour s'en assurer, on fait marcher vivement l'animal, et c'est à la jonction du haut de la cuisse, qui fait un écarquillement, que l'on remarque s'il en est affecté.

Une bonne laitière uniquement destinée au service de la laiterie, quoique atteinte de cet accident, n'est pourtant pas à dédaigner.

Outre les maladies, les infirmités et les défauts que je viens d'énumérer, les animaux de la race bovine sont sujets à beaucoup d'autres, qui proviennent, soit d'un mauvais tempérament, soit de toute autre cause.

CHAPITRE XII.

DU CHOIX DES VACHES LAITIÈRES.

La vache laitière, pour être parfaite, doit réunir les conditions suivantes :

1° Avoir la charpente bien établie et dans de bonnes proportions; elle doit aussi avoir l'aspect féminin, c'est-à-dire avoir les formes légères et dégagées;

2° Posséder l'écusson de premier ordre, qui devra avoir une teinte indienne ou safranée;

3° Elle doit avoir le caractère docile, être familière et posséder les principaux manets qui sont l'indice de l'aptitude à l'engraissement : comme la vache ne donne pas éternellement du lait, il est bon qu'elle ait naturellement les dispositions propres à engraisser.

CHAPITRE XIII.

DES MANETS.

Les manets ou maniements sont des agglomérations de graisse que l'on trouve en palpant les tissus membraneux de l'animal; ils sont flexibles ou durs, fixes ou roulants, et sont situés entre la peau et la chair, avec lesquels ils n'ont point d'adhérence; ils affectent diverses formes, suivant les parties qu'ils occupent, et ont chacun leur signification dans l'appréciation que l'on doit faire des animaux propres à l'engraissement, ou de ceux qui sont assez gras pour être livrés à la boucherie avec avantage.

Les manets sont au nombre de quinze sur tous les animaux de l'espèce bovine; chez les vaches, les principaux manets sont : 1° la *veine de l'épaule*, qui se trouve sur le bord de l'omoplate, à l'extrémité postérieure de l'épaule; elle part du garrot et descend verticalement jusqu'à la molette de l'avant-bras.

Ce manet est flexible, roulant et plus long que rond; on peut le sentir en le pinçant du bout des doigts ou à pleine main; il est peu perceptible sur les animaux maigres. Ordinairement celui du côté gauche est plus fort que celui du côté droit; quand il est développé, il indique le suif intérieur.

2° La *hampe*. Ce manet est flexible au toucher; il occupe la même place des deux côtés de l'animal. Du côté droit il est plus fort que du côté gauche. Il est situé à la partie antérieure de la cuisse, dans le pli de la peau qui fait jonction avec le ventre. Il déborde sur le ventre au bas du flanc. Il est plus plat que rond, du moins par rapport à sa grosseur.

Les manets les plus fermes et les plus durs au toucher indiquent la riche qualité de la viande et la grande quantité de suif qui se trouve à l'intérieur de la bête.

3° L'*avant-lait* se divise en deux parties adhérentes qui paraissent ne former qu'un seul corps; il est flexible, plat et un peu arrondi par le milieu, et fait partie des glandes mammaires; il est situé entre le nombril et les mamelles, auxquelles il adhère; il se palpe à pleines mains, et annonce la présence du suif intérieur.

4° L'*entrefesson* part du fond des cuisses, entre les deux fesses; il monte verticalement à la vulve. Il se présente sous la forme d'un cordon; il est flexible lorsque l'individu est à moitié gras; lorsque l'animal est gras, ce manet est ferme et dur.

Il est l'indice d'une bonne qualité de chair et d'une abondance de suif intérieur.

5° Le *bassin*. Ce manet se trouve de chaque côté de la queue, à l'extrémité du coxis; il se palpe à pleine main quand l'animal est gras; il est plus plat que rond. En général, il indique un état de graisse superficielle.

La longueur et la grosseur des manets sont relatives à l'état de graisse dans lequel se trouvent les bêtes. Les plus fermes au toucher caractérisent constamment une viande d'une nature supérieure, en même temps qu'une plus grande abondance de suif.

Ces signes indicateurs suffisent pour faire juger de l'état de graisse d'une vache, et, sans être praticien, permettre d'en apprécier la véritable valeur.

CHAPITRE XIV.

STATISTIQUE DU BÉTAIL EN FRANCE.

En consultant la statistique officielle du Gouvernement, publiée il y a environ dix ans, je trouve que le nombre des animaux de la race bovine s'élève aux chiffres suivants,

SAVOIR :

Taureaux............   399,026 individus.
Bœufs............... 1,968,838
Vaches.............. 5,501,825
Veaux............... 2,066,849
____
Total......... 9,936,538
____

De ces chiffres, il résulte que les vaches font plus de la moitié du nombre total des animaux de l'espèce bovine.

Mais, sur les 5,501,825 vaches, il n'y en a guère que 4,236,403 qui soient vouées chaque année à la reproduction : sur ce chiffre, il y a tout au plus un centième appartenant aux premiers ordres, six pour cent aux deuxièmes ordres, vingt-cinq pour cent aux troisièmes ordres, vingt pour cent aux quatrièmes ordres, quinze pour cent aux cinquièmes ordres et dix pour cent aux sixièmes ordres : d'où il résulte que sur *cent* vaches il y en a vingt-trois d'improductives, ou impropres au service de la laiterie.

Dans l'état actuel des choses, chaque vache donne en moyenne *deux litres quarante-neuf centilitres* par jour, ou 908 litres 85 centilitres par année, qui, à 10 centimes le litre, donnent un rendement moyen, pour chaque vache, de 90 fr. 88 c., y compris le lait consommé par le veau, ce qui, pour toutes les vaches, fait un revenu annuel de 500,033,058 fr. 89 cent.

Or, je suppose que par la mise en pratique de ma méthode on puisse faire de meilleurs choix, puisqu'on peut choisir à coup sûr dès le jeune âge, on arrivera certainement à doubler le produit en lait des vaches de la France, et j'ajoute qu'il n'y aurait rien de plus facile : on gagnerait ainsi chaque année 5,000,330,588 litres de lait, qui, au prix moyen de 10 centimes le litre, donneraient un bénéfice de 500,033,058 francs.

Quelle augmentation de bien-être pour les populations des campagnes et des villes! quels profits pour le commerce qu'un tel surcroît de production!

Si, comme cela arrivera tôt ou tard, on parvient par des accouplements judicieux à élever les ordres inférieurs jusqu'à la moyenne, entre les premiers et les troisièmes ordres, le rendement moyen, au lieu d'être, comme maintenant, de 2 litres 49 centilitres, serait alors de 7 litres 33 centilitres par jour et par vache : ce qui ferait, pour le nombre actuel de vaches que la France possède, 4 milliards 722 millions 857 mille 696 litres 25 centilitres de lait, qui, à raison de 10 centimes l'un, donneraient en argent 1 milliard 172 millions 285 mille 760 francs 25 centimes. Que l'on retranche de ce chiffre le produit actuel, et il restera un bénéfice net de 672 millions 252 mille 711 francs, sans compter la plus-value qu'on ne manquerait pas d'obtenir sur les animaux, qui s'amélioreront considérablement par des soins mieux entendus qu'on n'hésiterait plus à leur donner.

En somme, c'est un revenu net de plus de 2 millions par jour, dont je doterai la France.

Pourquoi donc cette méthode, qui doit par sa mise en pratique contribuer si puissamment à rendre l'agriculture prospère, ne serait-elle pas enseignée comme tant d'autres sciences moins riches d'avenir? Poser la question, c'est la résoudre : aussi, dans l'intérêt de la fortune publique et de l'humanité, j'ai résolu de parcourir la France en enseignant ma méthode.

FIN.

TABLE DES MATIÈRES.

OUVRAGES DE L'AUTEUR

QUI SE TROUVENT CHEZ LE MÊME LIBRAIRE.

TRAITÉ DES VACHES LAITIÈRES ET DE L'ESPÈCE BOVINE EN GÉNÉRAL ; troisième édition, un volume in-8° de 400 pages, avec 119 figures intercalées dans le texte. Prix.. 6 fr.

Voici les matières traitées dans cet ouvrage :

INTRODUCTION.

LIVRE PREMIER.

CHAPITRE PREMIER. RACE BOVINE. — *Sommaire.* De l'espèce bovine en général. — Des bâtards. — De l'utilité de ma méthode, et des signes caractéristiques qui en sont l'objet. — De la couleur des animaux. — De l'influence du climat. — De l'achat des vaches et des génisses. — De la nécessité d'éviter les mauvais croisements. — Les formes n'influent pas essentiellement sur la production lactifère. — Conformation des taureaux. — Conformation des vaches.

CHAPITRE II. DESCRIPTION DU PIS ET DES VAISSEAUX LACTIFÈRES. — *Sommaire.* De l'inutilité des connaissances anatomiques en ce qui concerne la distinction des qualités lactifères. — Du pis. — Des veines épidermiques. — Des veines mammaires.

CHAPITRE III. DESCRIPTION DES ÉCUSSONS. — *Sommaire.* Des

LIVRE II.

— 22° Race d'Auvergne.— 23° Race d'Aubrac.— 24°Race de Rouergue. — 25° Race tourache. — 26° Race fémeline. — 27° Race camargotte. — 28° Race boulonnaise. — 29° Race charollaise. — 30° Race ardennaise. — 31° Race nivernaise.

APPENDICE.

I. — Médailles, diplômes d'honneur et mentions honorables donnés à l'auteur.

II. — Extrait des conclusions du rapport de l'Académie des sciences de Bordeaux.

III. — Comice agricole d'Aurillac. — Extrait du rapport de la Société d'agriculture du Cantal.

IV. — Rapport au congrès central de la Seine, par M. Eugène Barbier, délégué de la Nièvre, sur la méthode Guenon.

V. — Rapport fait par le citoyen Durand-Savoyat, représentant du peuple, à l'Assemblée nationale.

VI. — Rapport fait par M. Amable Dubois, représentant du peuple, à l'Assemblée nationale.

VII. — Extrait des conclusions du rapport de la commission nommée, en 1848, par M. Cunin-Gridaine, ministre de l'agriculture et du commerce.

VIII. — Extrait du procès-verbal de la commission nommée par la Société d'agriculture de Meaux (Seine-et-Marne), à l'effet de statuer sur la valeur du système Guenon.

A la fin du volume, il y a un TABLEAU contenant la classification applicable aux animaux des deux sexes de l'espèce bovine, pour reconnaître à la simple inspection les capacités des animaux à la production lactifère.

Tableau synoptique des signes caractéristiques de la production lactifère, pour apprendre à connaître, à la simple inspection, 1° quelle quantité de lait une vache peut donner par jour ; 2° la qualité du lait ; 3° sa durée pendant la gestation ; 4° la qualité des taureaux à la transmission des qualités lactifères ; une feuille, avec 102 gravures, accompagnées de légendes explicatives. Prix............... 2 fr.

Tableau synoptique des races bovines de France, indiquant le lieu de leur naissance et les départements où elles sont importées, leur aptitude à la laiterie, à l'engraissement et au travail ; leur taille et leur couleur. Prix.................... 75 c.

Pour paraître en octobre prochain.

Almanach des Vaches laitières, indiquant les contrées de la France où les meilleures races laitières et beurrières se trouvent ; — l'emploi et la conservation du lait ; — la conservation du beurre et la fabrication des fromages ; — l'alimentation du bétail au pâturage et à l'étable ; — l'influence de la nourriture sur la production et la qualité du lait et du beurre. — Cet Almanach contiendra en outre une description générale de l'espèce bovine, une dissertation pratique sur l'aptitude à l'engraissement, et des réflexions sur l'ac-

couplement, qui seul peut conduire à l'amélioration de l'espèce bovine; — plusieurs observations sur l'industrie ménagère, — et un Calendrier pour 1852; par F. Guenon,
auteur des Vaches laitières. Prix................... 50 c.

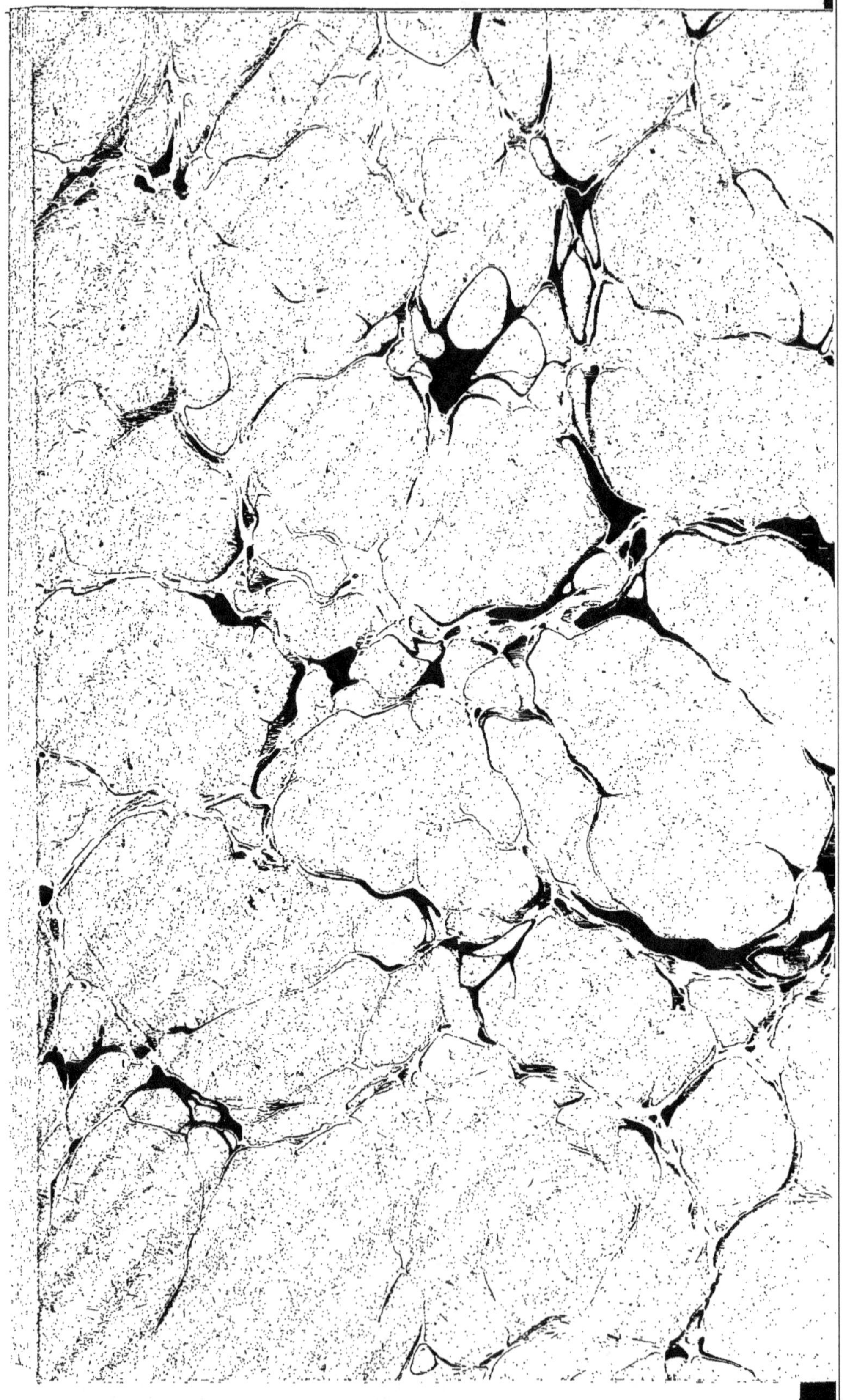

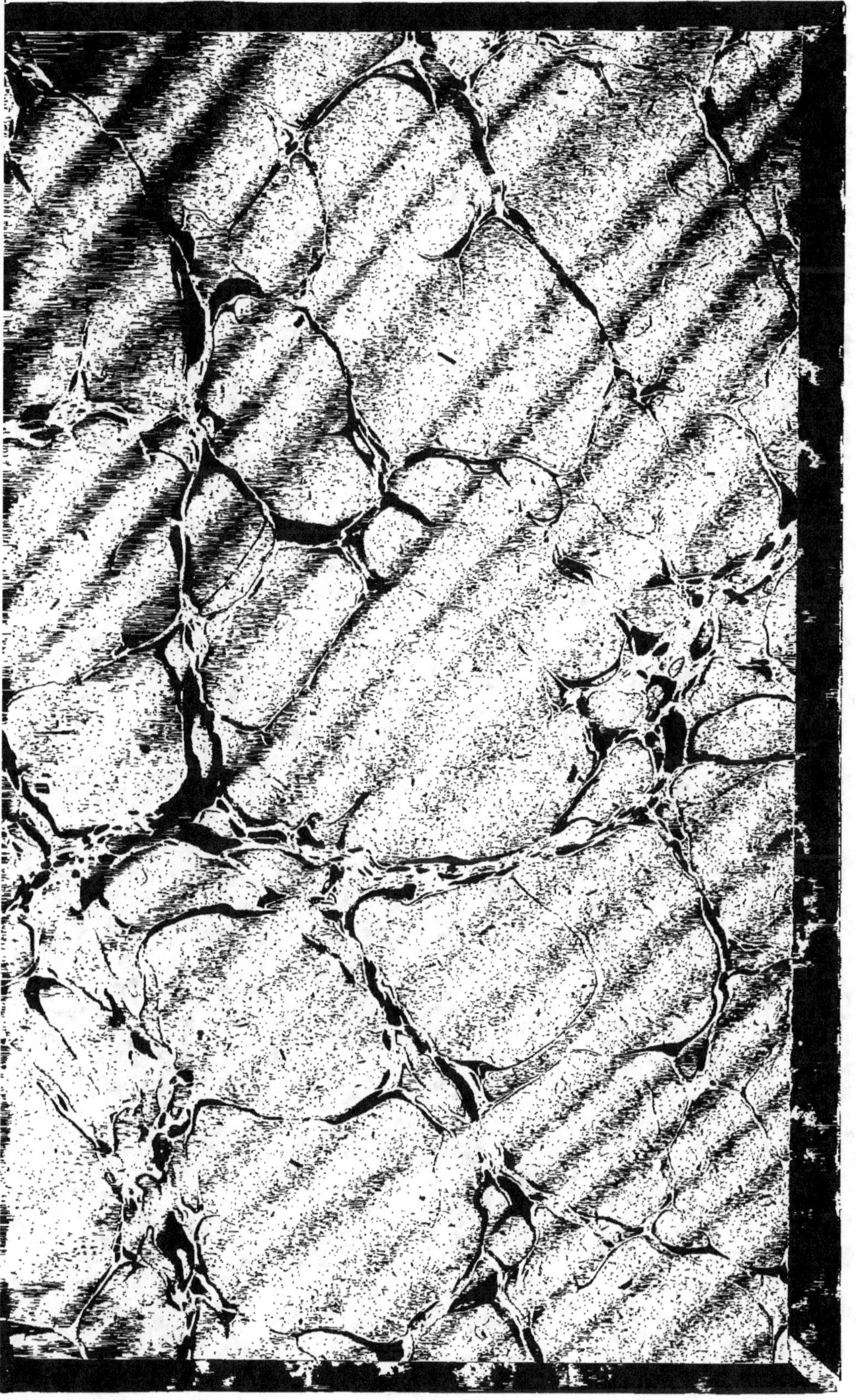

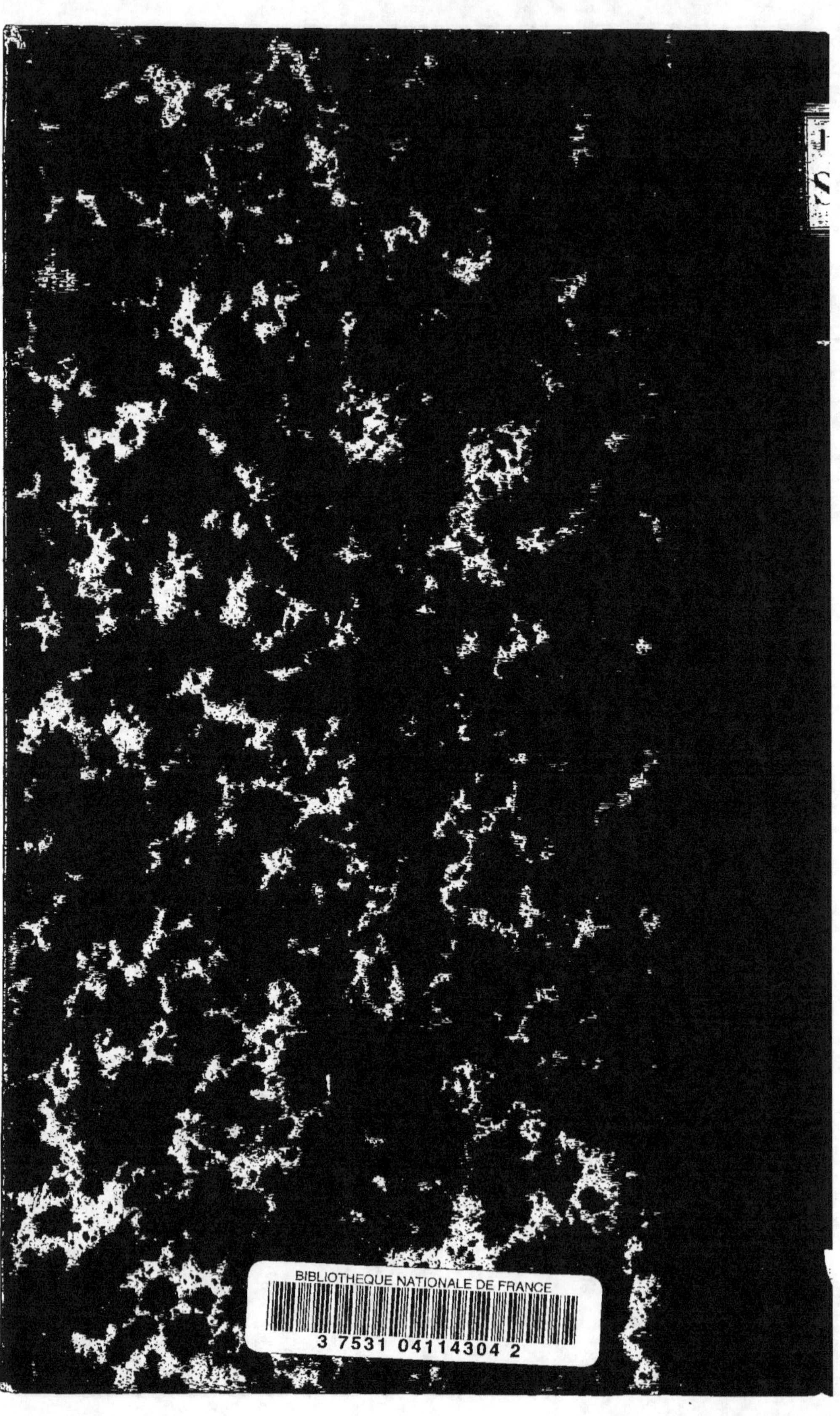